Technique guidebook

네일케어 & 아트

Nail Care & Art

김양은 · 최현숙 · 나현지

CHUNG KU Publisher

<머리말>

최근 삶이 윤택해지고 생활수준이 향상되면서 사람들은 건강유지와 아름답고 활기찬 삶에 더욱 관심을 두게 되었다. 더불어 미용 산업의 발전과 대학의 전문미용인 양성이 점진적으로 체계화되면서 미용분야별 전문적 교육이 활성화되고 있다. 특히 미용분야 중 최근에 이르러 각광을 받기 시작한 네일아트는 관련 뷰티산업의 눈부신 발전에 힘입어 표현양식이나 테크닉이 상상을 초월할 정도로 다양해지고 있다.

네일아트는 손톱을 다듬는 관리차원과 창의적인 디자인 차원의 능력이 필요한 분야이다. 따라서 본 저자는 그동안의 다양한 경험과 수집한 자료들을 바탕으로, 네일을 공부하는 학생들에게 체계적인 이론과 케어는 물론 다양한 테크닉과 디자인에 대해 상세하게 저술하였다.

이 책은 크게 3장으로 구성되어 있으며, 1장에서는 네일 관리의 이론적 해설부분과 2장에서는 손·발 관리에 대한 실기, 3장에서는 디자인에 대한 이론과 실기로 나뉘어 구성되어 있다. 네일 전공자나 전문적인 지식을 가진 네일리스트 뿐만이 아닌 손톱을 스스로 아름답게 꾸미고자 하는 마음만 있으면 쉽게 접근할 수 있도록 자세히 설명해 놓았고, 본 책을 통해 학생들의 무한한 재능이 유감없이 발휘할 수 있기를 기대한다.

끝으로 최선을 다하였으나 정리를 끝내고 보니 아직도 미흡하고 부족한 점 들이 많음을 절감하게 된다. 앞으로 더 나은 지식으로 교재를 보충할 수 있기를 바라며, 끝까지 도움을 주신 청구문화사 이상태 사장님과 임직원들에게 감사한 마음을 전하고자 한다.

20011. 3월

저자 일동

<목 차>

Ⅰ. 이론편

Ⅱ · 실기편

Ⅰ. 이론편

1. 매니큐어의 개요

인간의 미적 욕구는 인류와 함께 시작 되었다고 해도 과언이 아닐 만큼 인류는 오래 전부터 아름다움을 유지하기 위해 여러 가지 방법을 개발해 왔다. 오늘날과 같이 고도로 문명이 발달한 사회는 사회적 가치관, 풍조, 과학기술의 발달 등의 영향을 받으면서 생활의 모든 면에서 실용성과 함께 미를 추구하고 있다.

매니큐어란 손톱에 색을 칠하는 것을 말하며, 손톱의 손질 및 관리법을 뜻하는 라틴어의 Manus(Hand)와 Cura(Care)의 합성어이다. 즉 매니큐어란 총괄적인 손관리를 뜻하며, 여기에는 손톱의 모양정리, 큐티클 정리, 굳은살 다듬기, 손 마사지, 팩, 컬러링, 아트 등이 포함된다.

페디큐어는 라틴어의 Pedis(Foot)와 Cure(Care)의 합성어로서 발의 관리를 뜻하며, 여기에는 발톱의 모양정리, 큐티클 정리, 각질 제거와 마사지, 팩, 컬러링, 아트 등 발에 관련된 모든 시술과정을 의미하는 것으로 뒤꿈치 굳은살 제거 등의 모든 작업이 포함된다.

2. 매니큐어의 역사

1) 고대

BC 3000년경에 신분이 높은 상류층에서 최초로 네일 관리가 시작되었다.

– 이집트
  · 미이라 손톱에 붉은 색을 입힘
  · 헤나(Henna)를 제사와 관련하여 사용
  · 왕과 왕비는 주로 진한 붉은 색을 사용

– 중국
  · 명(明) 왕조 때에 연지를 만드는 홍화(紅花)를 이용하여 입술과 손톱에 두꺼운 연지를 입힘
  · 금, 은색을 즐겨 사용

2) 그리스 로마시대

– 남성의 전유물로서 손톱을 관리하기 시작
– 17세기경 인도 여성
  · 신분을 표시하기 위해 조모(nail matrix)에 문신 바늘로 물감 주입하여 상류층임을 과시함

3) 근대

1800년대 이후로 네일이 대중화되기 시작하였다.

년도	내용
1800년	아몬드 모양의 짧고 뾰족한 모양으로 만든 후 붉은 색 기름을 바르고, Chamois(섀미 가죽)로 광택을 냄
1830년	유럽의 발 전문의 시트(Site)가 오렌지 우드 스틱을 네일 관리에 이용
1885년	네일 에나멜(Nail Enamel)의 필름형성제인 니트로셀룰로스 개발
1892년	발 전문의 시트(Site)에 의해 네일 관리가 여성들의 직업으로 미국에 도입
1900년	· 금속가위나 금속파일(File)을 이용하여 네일 관리가 시작 · 크림이나 가루로 광을 주거나 낙타 털을 이용하여 광을 냄 · 유럽에서도 네일 관리가 본격적으로 시작
1910년	매니큐어 제조회사 플워리(Flowery)가 뉴욕시에 설립되어 금속파일과 사포로 된 파일이 제작
1925년	네일 에나멜 시장의 본격화

년도	내용
1927년	프렌치 매니큐어(French manicure)에 사용되는 흰색 에나멜과 큐티클 크림, 큐티클 리무버가 제조
1930년	전기기구를 이용한 광택 등 현대와 같은 네일 락카 제품 등장
1932년	· 다양한 색상의 네일 에나멜 제조 · 최초로 네일 칼라와 입술칼라를 매치(미국 레브론사)
1935년	인조네일 개발
1940년	· 여배우 리타 헤이워드에 의해 네일 패션 시작 · 빨간색으로 네일을 꽉 채워 바르는 것이 유행, 남성들도 습식 매니큐어 시작
1948년	미국의 노린 제호(Noreen Reho)에 의해 매니큐어 작업에 기구를 사용하기 시작

4) 현대

년도	내용
1956	헬렌걸리(Helen Gerly)가 처음으로 네일케어를 미용학교에서 가르침
1957	근대적 페디큐어 등장
1960	실크나 린넨을 이용하여 약한 손톱을 강하게 보강하기 시작
1967	손과 발을 가꾸기 위한 트리트먼트 시작
1970	인조 손톱의 본격적인 시작. 아크릴릭 네일 출현
1973	접착식 인조 손톱 등장
1975	· 미국의 식약청(FDA)에서 메틸 메타크릴레이트(methyl methacrylate) 사용 금지 · 올리 인터네셔널(Orly International)회사가 에나멜, 리퀴드 파이버 랩(Liquid Fiber Wrap), 릿쥐필러(Ridge Filler), 프라이머(Primer), 베이스 코트(Base Coat) 등을 제조 · NANA(National Association of Nail Artist) 네일 아티스트협회 결성
1976	· 스퀘어 모양 손톱 유행, 네일 팁, 아크릴릭 네일, 파이버 랩(Fiber Wrap)이 등장 · 네일아트가 미국에 정착
1980	네일 악세사리 등장
1989	네일 시장의 급성장
1992	인기스타들에 의한 대중화
1994	· 라이트 큐어트 젤 시스템(Light Cured Gel System)이 등장 · 뉴욕주에서 네일 테크니션 면허제도 도입

3. 골격과 근육

1) 골격

손목, 손, 손가락의 뼈는 총 27개로 이루어져 있다.

(1) 손의 골격

① 수근골(손목뼈, Carpal Bones)
손목을 이루는 뼈로 모양이 다양한 8개의 작은 뼈로서 손목에 위치하고 있다.

② 중수골(손허리뼈, Metacarpal Bones)
손바닥을 이루는 5개의 뼈로, 손등에서 방사상으로 뻗어 있으며 손바닥에 위치하고 있다.

③ 수지골(손가락뼈, Phalanges)
손가락뼈를 말하며, 엄지손가락의 기절골과 말절골 2개, 다른 손가락은 기절골과 말절골 그리고 중절골 3개씩 총 14개의 뼈로 구성되어 있다.

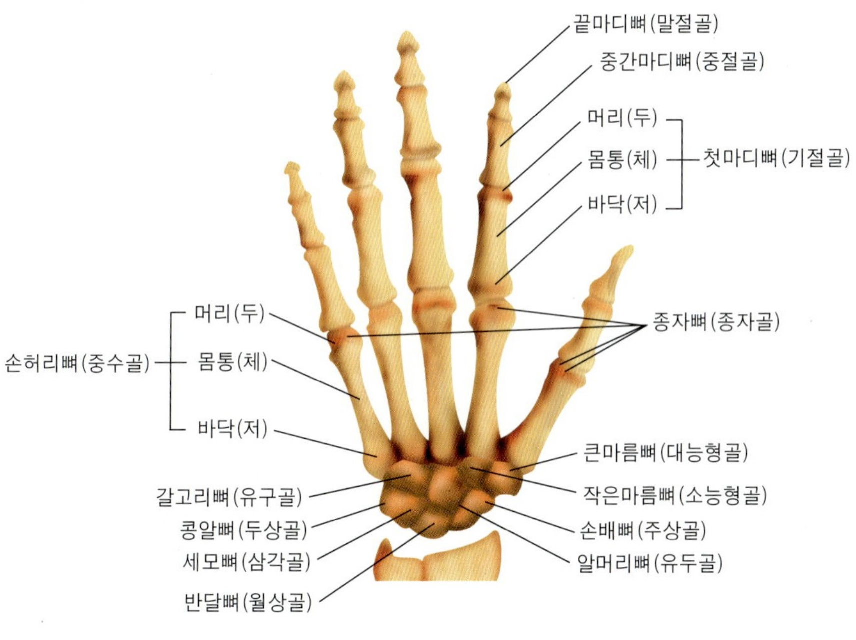

[그림 1-1] 손의 골격

(2) 발의 골격

발의 골격은 족근골, 중족골, 족지골로 이루어져 있다.

① 족근골(발목뼈, Tarsal Bones)

발목을 구성하는 짧고 모난 뼈로 거골, 종골, 주상골, 입방골, 외측 설상골, 중간 설상골, 내측 설상골 등 7개의 뼈로 구성되어 있다. 종골은 족근골 중에 가장 크며, 발뒤꿈치를 형성하기 때문에 발뒤꿈치뼈라고도 한다.

② 중족골(발바닥뼈, Metatarsal Bones)

발의 아치 형태를 잡아주는 5개의 장골형태의 뼈로 발의 안팎으로는 세로궁을 발바닥에서는 가로궁을 형성한다. 엄지발가락의 첫마디 뼈와 인접하고 있는 첫째 중족골은 걷거나 서 있을 때 체중을 감당하기 위해 튼튼하고 크다.

③ 족지골(발가락뼈, Phalange Bones)

발가락을 형성하는 14개의 축소된 장골로 엄지발가락에 기절골과 말절골 2개의 지골이 있고, 나머지 발가락에는 기절골, 중절골, 말절골 등의 3개의 뼈가 있다. 말절골 밑단에는 조면(Medial Longitudinal Arch)이 있어 발톱이 부착되어 있다.

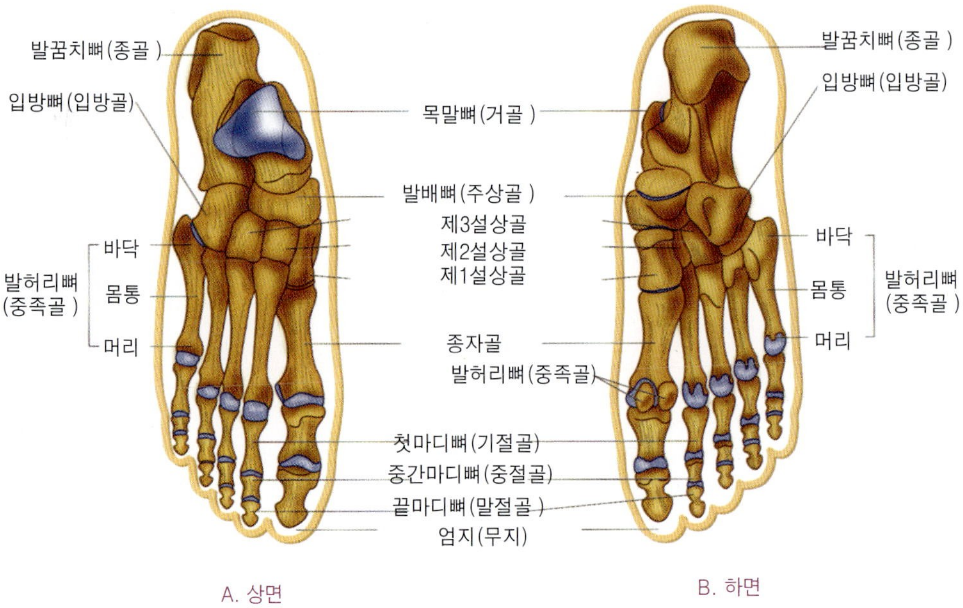

[그림 1-2] 발의 골격

2) 근육

(1) 손의 근육

근육은 체중의 약 45%를 차지하고 있으며, 손등은 근육이 미약하게 발달되어 있고 외전근(Abductor), 내전근(Adductor), 대립근(Opponent)으로 나누어지며 세밀하고 복잡한 운동을 담당한다.

① 외전근(Abductor, 외향근)

발가락과 손가락 사이가 붙지 않도록 벌어지게 하는 외향에 작용한다. 손에는 새끼손가락을 벌리는 작용을 하는 작용을 하는 새끼손가락 외향근(Abductor Digitiminimi)과 엄지손가락에 작용하는 긴 엄지손가락 외향근(Abductor Pollicis Brevis)이 있다.

② 내전근(Adductor, 내향근)

내전근은 손가락이 나란히 붙게 하거나 모으는 내향에 작용한다.

③ 대립근(Opponent)

물건을 잡을 때 작용하며 엄지손가락을 새끼손가락 쪽으로 향하게 작용한다.

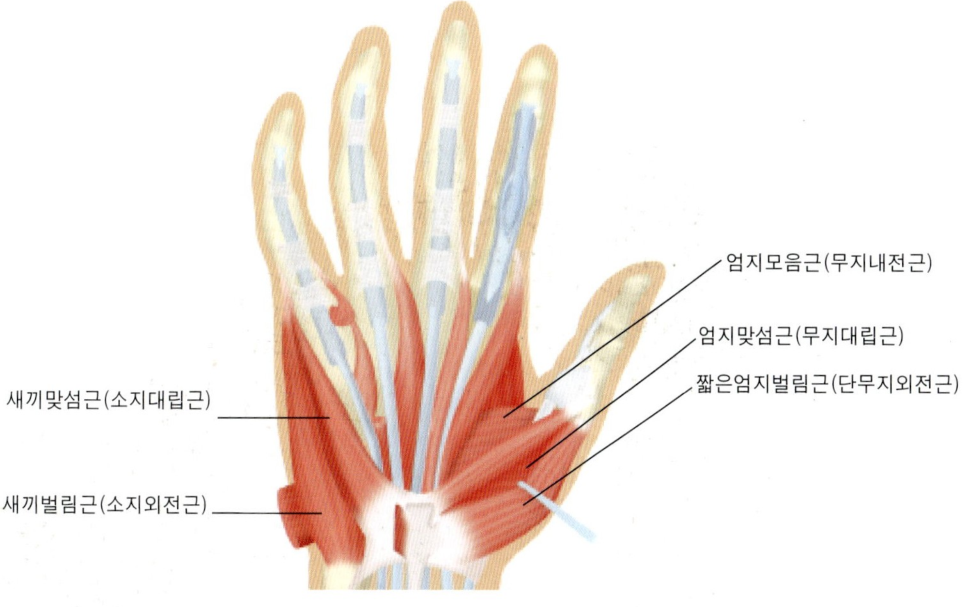

[그림 1-3] 손의 근육

(2) 팔의 근육

팔의 근육은 어깨관절의 운동에 관여하는 상지대의 근육과 쇄골, 팔꿈치에 있는 상완과 손목, 손가락 운동에 관여하는 전완이 있다.

전완은 19개의 근육으로 되어 있으며, 회내근과 회의 근은 전완에서만 볼 수 있는 특징이다.

① **회내근**(Operator)

손을 안쪽으로 돌려 손등이 위호 향하게 작용한다.

② **회의근**(Supinator)

손을 바깥쪽으로 돌려 손바닥이 위로 향하게 작용한다.

③ **굴근**(Flexor)

손목을 굽히는 내 · 외향에 작용하며 손가락을 구부리는 내 · 외향에 작용에 작용한다.

④ **신근**(Extensor)

손목과 손가락을 벌리거나 펴게 하여 내 · 외측 회전과 내 · 외향에 작용한다.

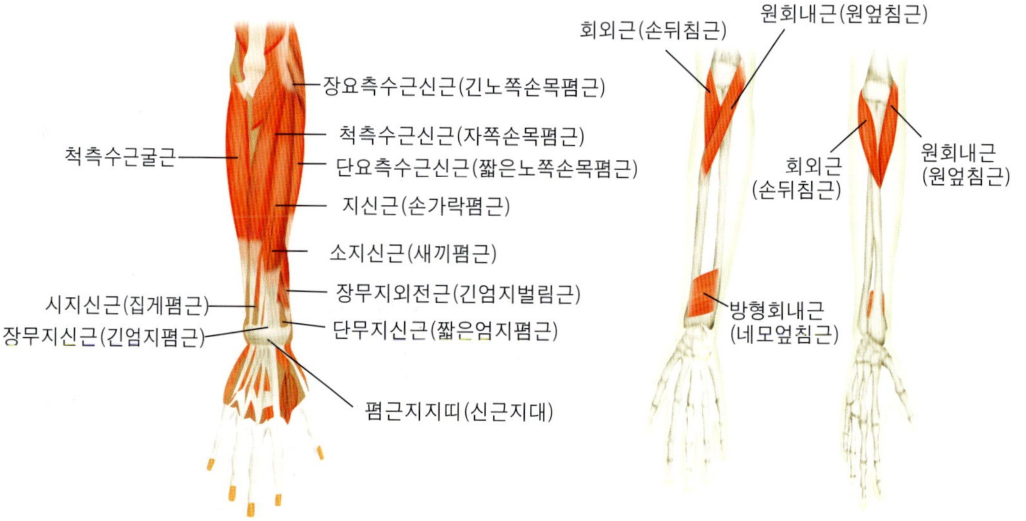

[그림 1-4] 팔의 근육

(3) 발의 근육

발의 근육은 발등을 이루는 족배근과 발바닥을 이루는 족척근으로 구분되며, 발의 근육은 발등보다도 발바박이 더 발달되어 있고 발바닥 운동에 관여한다.

① 족배근(발등 근육, Dorsal Muscle of Foot)

종골에서 지시하여 기절골에 정지하는 단지 신근과 단무지신근이 있으며, 이 근은 짧고 작은 2개의 근육으로 형성되어 있으며, 발가락 신전에 관여한다.

② 족척근(발바닥 근육, Plantar Muscle of Foot)

발바닥을 이루는 9개의 근으로 엄지두덩근(엄지발가락 부위의 근육), 새끼발가락 두덩근(새끼발가락 부위의 근육), 발바닥 근육 무리 등으로 구분된다.

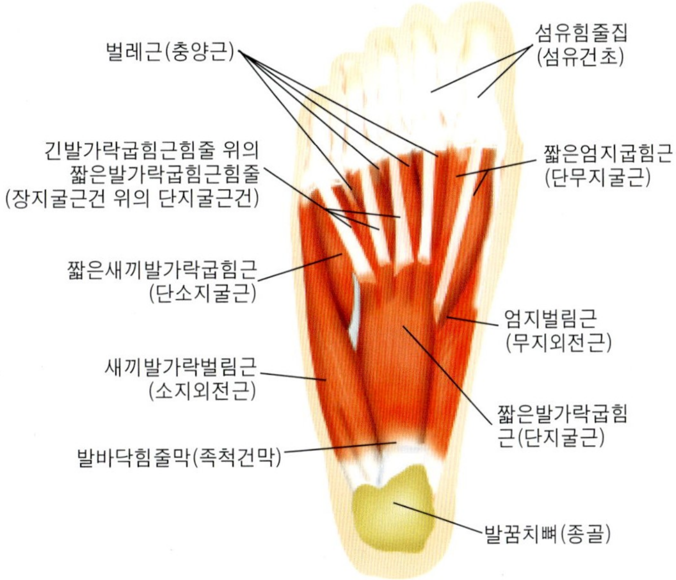

[그림 1-5] 발의 근육

(4) 다리의 근육

몸무게를 유지하고 활동하기 적합하도록 발달되어 있고 위치에 따라 장골부의 근, 둔부의 근, 대퇴의 근, 하퇴의 근 및 발의 근으로 구분한다. 주로 발목과 발가락 운동에 관여하는 근들로서 전하퇴근, 외측 하퇴근 및 후하퇴근으로 구분한다.

① **전하퇴근(앞종아리 근육**, Anterior Crural Muscles)
전경골근, 장지신근(긴 엄지 폄근), 제3비골근, 장무지신근(긴 발가락 폄근) 등 4개의 근으로 구성되며 깊은 비골실경의 지배하에 발목의 운동과 발가락의 펴짐에 관여 한다.

② **외측 하퇴근**(Lateral Crural Muscles)
발목을 굽히거나 젖히는 작용을 한다.

③ **후하퇴근**(Posterior Crural Muscles)
종아리를 만드는 강력한 근육으로 천층근과 심층근으로 분류된다. 얕은 층의 비복근, 가지미근 및 족척근과 깊은 층의 장지굴근, 장무지굴근, 후경골근, 슬와근으로 구성된다. 하퇴 세갈래근은 발바닥을 굽히고 발의 뒤축을 올리며, 무릎관절을 굽히는 작용을 한다.

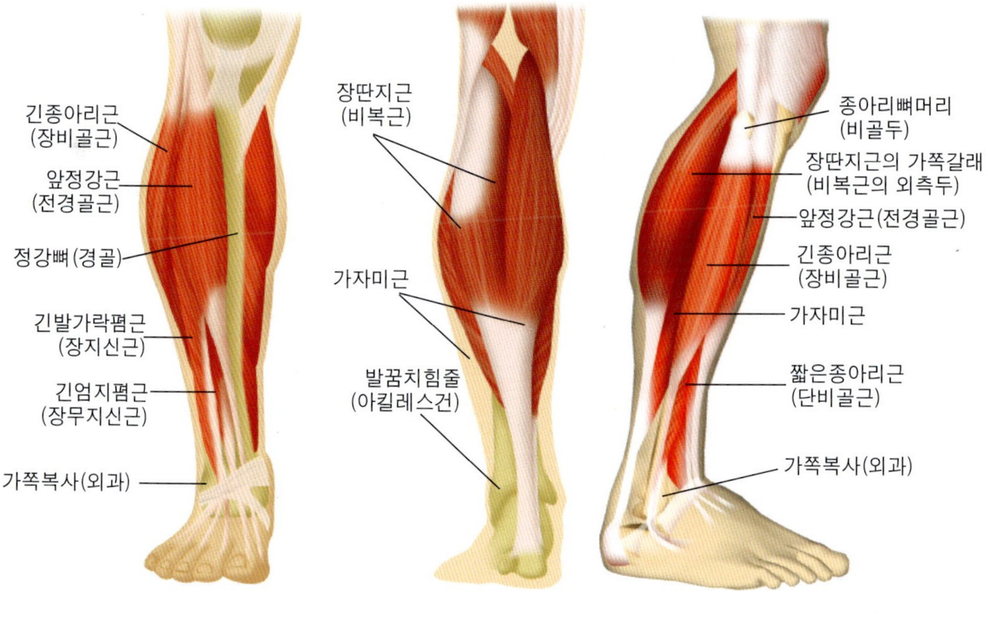

[그림 1-6] 다리의 근육

4. 미생물학

1) 박테리아(Bacteria)

지구상에서 가장 많은 유기체이며 세균을 말한다. 거의 모든 환경에 존재하는 한 개의 세포로 이루어 단세포 미생물로 현미경으로만 크기를 볼 수 있는 가장 작은 균이다. 지구상에는 15,000 종류의 박테리아가 있는 것으로 알려져 있으며, 땅, 물, 공기, 먼지, 배설물, 옷 인체의 피부, 인체의 분비물, 손 · 발톱 밑, 네일 도구, 기구 등에 기생한다. 일부 세균은 질병을 일으키지만, 대부분은 무해하며 사람에게 유익한 종류도 많이 있다.

(1) 박테리아의 분류

박테리아는 크게 인체에 무해한 비병원성 박테리아와 인체에 유해한 병원성 박테라아로 분류된다.

※ 비병원성 박테리아

- 비병원성 박테리아는 세균의 70%를 차지한다.
- 물질을 부패하거나 분해시키는 중요한 기능을 한다.
- 죽은 생물에 기생하여 그것을 썩게 한다.
- 음식물을 가공하거나 항생물질로 사용하나 질별을 일으키지는 않는다.
- 사람의 입 안과 장기 내에 가장 많으며 음식물을 분해시켜 소화작용을 돕는 역할을 한다.
- 토양을 기름지게 하는 비료의 합성물에 사용된다.
- 인체에 유익하며 해를 끼치지 않는다.

※ 병원성 박테리아

30%의 세균만이 병원성 세균이지만 질병간염의 주요한 원인이 된다. 사람의 감염과 질병에 가장 많은 원인이 되며 위험하다. 이들은 살아 있는 식물이나 동물의 조직에 침입하여 서식하고 번식하여 조직 속에서 독소나 유해물질을 발생시켜 질병을 확산 · 전염시킨다. 병원성 세균은 구균(Coccus), 간균(Bacillus), 나선균(Spirillum) 등 크게 세가지로 나누어진다.

① 구균(Coccus)

둥근 모양의 염증을 일으키는 균으로 한 개씩 또는 집단적으로 나타난다.

- 연쇄상구균(Streptococcus) : 다양한 형태의 사슬로 연결되어 서식하며, 온몸에 퍼져 패혈증, 류머티즘 등 열을 일으킨다.
- 포도상구균(Staphylococcus) : 불규칙한 포도송이 모양으로 무리를 지어 서식하며 종양, 종기, 농포 등으로 국수적인 감염을 일으킨다.
- 쌍구균(Diplococcus) : 캡슐 안에서 쌍으로 서식하며, 폐렴 등을 일으킨다.

② 간균(Bacillus)

가장 흔한 균으로 짧은 막대 모양으로 파상풍, 인플루엔자, 장티푸스, 폐결핵, 디프테리아 등을 유발한다.

③ 나선균(Spirillum)

나선 형태의 세균으로 되어 있으며, 나선 수가 적은 트레포네마(Treponema)와 나선 수가 많은 렙토스피리(Leptospira) 등이 있다. 트레포네마는 매독을 유발 시키며, 렙토스피라는 황달과 수막염 등의 원인이 된다.

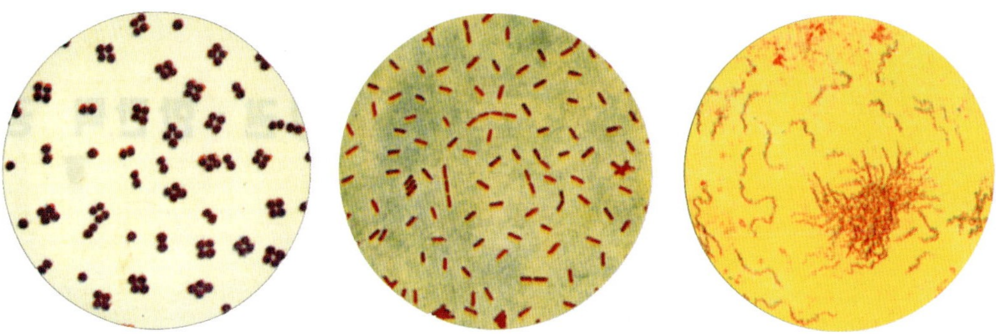

구균 간균 나선균

[그림 1-7] 구균, 간균, 나선균

2) 바이러스(Virus)

살아있는 생물체를 숙주로 삼아 기생한다. 크기가 아주 작아서 전자현미경으로만 관찰이 가능하고 세균 여과기의 필터를 통과할 수 있다. 바이러스성 감염으로는 간장염, 단순포진, 대상포진, 홍역, 수두, 일반감기 등이 있다. 대부분 기침이나 인체 접촉으로 인해 쉽게 전염되나 에이즈(AIDS)를 일으키는 HIV 바이러스는 정액이나 혈액을 통해서만 전염된다.

3) 진균(Fungus)과 몰드(Mold)

곰팡이류의 일종으로 주로 손톱과 같이 건조한 부위에서 서식한다. 진균은 피부사상균등을 포함하는 단순 기생물을 말한다. 이중에서 각화조직인 피부, 모발, 손·발톱에 감염을 일으키는 표재성 진균감염증은 대체로 만성으로 진행되며, 심부조직에는 침범하지 않은 진균이 원인체이다. 치료에 저항성이 있지만 환자의 전신 건강에는 별로 영향을 주지 않는다. 피부사상균이 주로 발생하는 네일 살롱에서의 진균 질병으로는 네일 진균증과 몰드가 있다. 이들은 전염성이 있으므로 고객의 네일에서 네일리스트에게로 또 네일리스트의 네일에서 고객 네일로 감연 전파된다. 따라서 네일 진균증과 몰드에 감염된 고객의 네일은 서비스를 해서는 안된다.

4) 기생충(Parasite)

다른 생물체에 기생하여 영양분을 공급받는 기생균으로 동물성 혹은 식물성이 있다. 식물성은 버짐을 일으키나 옴 등의 동물성은 전염병을 발생시킨다.

5. 손톱의 구조와 특징

손톱은 케라틴이라는 성분으로 구성되어 있으며, 인체의 가장 단단한 표피구조물이며 숨을 쉬거나 휴식을 필요로 하지 않는다.

1) 손톱의 역할

① 손끝 · 발끝을 외부의 자극으로부터 보호한다.
② 물건을 잡거나 들어 올리고, 긁을 때 사용된다.
③ 미적 · 장식적 기능이 있다.
④ 방어와 공격의 기능을 갖는다.

2) 손톱의 구성 성분

손톱은 표피의 각질이 변해서 단단해진 것으로 물에 녹기 어려운 섬유상의 경단백질(hard keratin)이다. 손톱은 단백질 이외에 수분 7~12%, 지방 0.15~0.75%, 탄소 51.9%, 산소 22.39%, 질소 16.09%, 황 2.80%, 수소 0.82%로 구성되어 있는 표피 부속물 중의 하나이다.

3) 네일의 성장

손톱은 한달에 약 3mm 정도 자란다. 네일 바디의 완전한 교체는 4~6개월이 걸리며, 건강할 때 약 0.5~0.75mm의 두께를 가지며 전 생애 동안 성장한다. 손톱 성장이 빠른 경우와 느린 경우에 대해서 알아보자.

① 빠른 경우

여성보다는 남성의 경우, 피아니스트, 손톱을 깨무는 경우, 타자를 치거나 피아노, 컴퓨터를 치는 경우, 혹은 손톱을 자주 깍는 경우, 또한 온도가 높을수록, 연령이 낮을수록 손톱이 빨리 자란다. 또, 오른손잡이인 경우 오른손이 빨리 성장하는데 그중에서도 중지가 가장 빠르고 엄지가 가장 느리다. 발톱은 손톱의 1/2속도로 자란다.

② 느린 경우

여성, 생리적 부담이 있을 때, 흡연, 질병이 있는 경우가 느리다.

4) 손톱이 나빠지는 원인

① 선천적인 원인 : 유전 등의 원인이 된다.
② 후천적인 원인 : 매트릭스에 상처가 났을 때, 미숙한 파일법, 손톱깍이 사용, 정식적인 강력한 쇼크 등의 원인이 있다.

5) 건강한 네일의 조건

① 부드럽고 매끄러우며 광택이 있고 투명한 핑크색을 띠어야 한다.
② 네일 베드에 강하게 부착되어 있어야 한다.
③ 세균에 감염되지 않아야 한다.
④ 단단하면서 탄력이 있으며 둥근 아치 모양이다.
⑤ 12~16%의 유 · 수분을 함유하고 있어야 한다.

6) 손톱으로 보는 건강 상태

손톱은 제2의 얼굴이라고도 한다. 손톱으로 보는 건강을 몇 가지 알아보자.
① 푸른빛이 감도는 손톱 : 혈액순환 불량, 정신적인 과로와 고민
② 창백한 손톱 : 빈혈, 영양장애, 심장 질환 등
③ 붉거나 검붉은 손톱 : 모세혈관에 탄력이 없거나 파열된 사람
④ 얇고 잘 찢어지는 손톱 : 비타민, 레시틴 부족, 신경계통의 만성질환, 유전적 원인
⑤ 가로줄 무늬, 패인 경우 : 정신적 질환, 과로, 급성 전염병, 영양실조 등

7) 손톱의 구조

(1) 손톱본체 부위

명 칭	내 용
조체/네일 바디(Nail Body)	여러 층으로 이루어져 있으며 신경조직이나 모세 혈관은 없고, 손톱 전체를 말한다.
조근/네일 루트(Nail Root)	손톱이 자라나기 시작하는 곳이다.
자유연/프리 엣지(Free Edge)	손톱 바닥이 없는 손톱 끝 부분으로 케라틴화가 가장 잘 되어 있는 부분이다. 손톱의 끝부분으로 네일 베드가 받치고 있지 않으며, 수분이 적어 부서지기 쉽다.

(2) 손톱 밑 부위

명 칭	내 용
조상/네일 베드(Nail Bed)	손톱 밑에 위치하며 네일 바디를 받혀준다. 혈관과 신경이 분포하여 신진대사 및 손톱의 감각을 통제한다.
조모/매트릭스(Matrix)	손톱의 모체로 손톱 성장에 가장 중요한 부분이다. 네일 루트 밑에 위치하며 손톱각질세포의 생산과 성장을 조절한다. 이곳에 손상을 입으면 손톱이 정상적으로 자라기 힘들다. 또한 조모에는 신경, 혈관, 림프관이 통하고 있다.

명 칭	내 용
조반월/ 루눌라(Lunula)	완전히 케라틴화 되지 않은 유백색 반달 모양의 손톱으로 네일 바디의 베이스에 위치한다. 그러므로 큐티클 푸셔 작업시 너무 세게 밀어 자극을 받지 않도록 해야 한다.

(3) 손톱 주위의 피부

명 칭	내 용
조소피/ 큐티클	손톱의 주위를 덮고 있는 피부로 세균이 손톱 뿌리로 침입하는 것을 막아준다. 손톱 정리시 제거하는 피부로 제거하지 않아도 무방하며, 너무 제거했을 경우 붉게 부어오를 수 있고 질환을 일으킬 수 있으므로 주의하도록 한다. 건강한 조소피는 수분과 탄력성이 있고 느슨하며 유연하다.
조주름/ 네일 폴드	네일 루트가 묻혀 있는 곳에 피부가 접혀 있는 곳을 말하며, 네일 맨틀(Nail Mantle)이라고도 한다.
조구/ 네일 그루브	네일 베드 양 측면에 좁게 패인 곳을 말한다.
조벽/ 네일 웰	네일 그루브가 접하는 손톱 양쪽의 피부를 말한다. 물리적 외적 자극으로부터 손톱을 보호하는 쿠션의 기능을 하고 손톱이 일정한 방향으로 자라도록 손톱의 우치를 잡아준다.
상조피/ 에포니키움	손톱베이스의 가는 선이 피부로 루눌라를 부분적으로 덮고 있다.
조상연/ 페리오니키움	손톱 전체를 둘러싼 피부를 말한다.
하조피/ 하이포니키움	프리 엣지 밑부분의 피부를 말한다. 조소피와 같이 피부안으로 세균이 침입하는 것을 방지하는 역할을 한다.

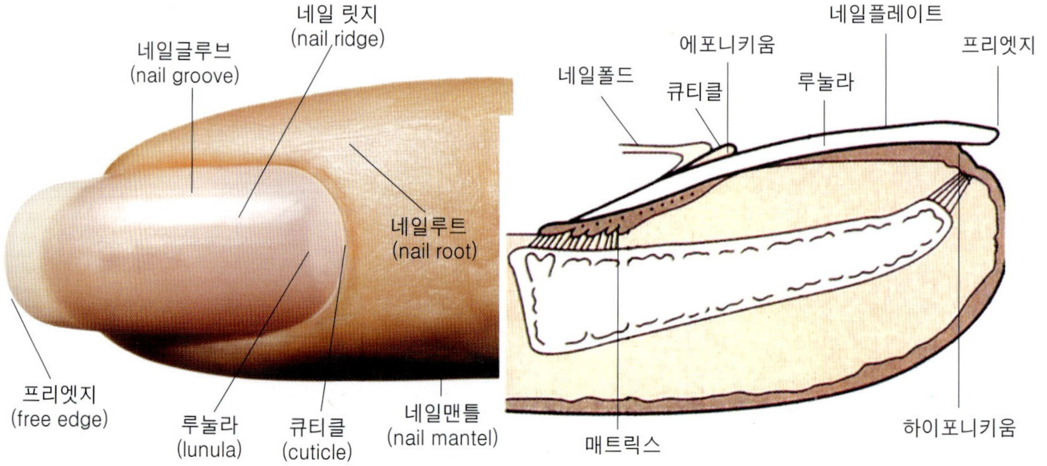

[그림 1-8] 손톱의 구조

8) 손톱의 질환

(1) 네일 리스트가 시술 가능한 이상 손톱

① 조갑 변색(Onychocyanosis)

손톱의 색깔이 황색, 푸른색, 검푸른색, 자색, 적색 등 여러 가지 색으로 변하는 것을 말한다. 베이스 코트 없이 유색 에나멜을 바를 경우나 혈액순환이 좋지 못한 상태에서 생긴다.

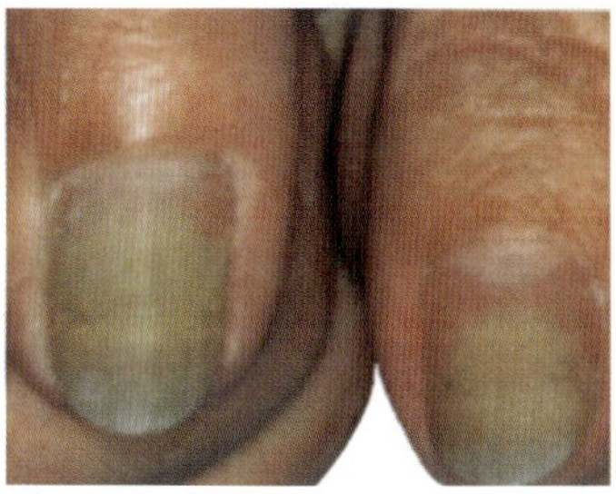

[그림 1-9] 조갑 변색

② 멍든 손톱(Bruised Nail)

심한 상해로 인해 손톱 밑의 혈액이 응고된 상태로 적갈색 또는 검푸른색이 나타난다. 매트릭스가 손상되지 않았다면 약 1개월 후 손톱이 새로 자라 나온다.

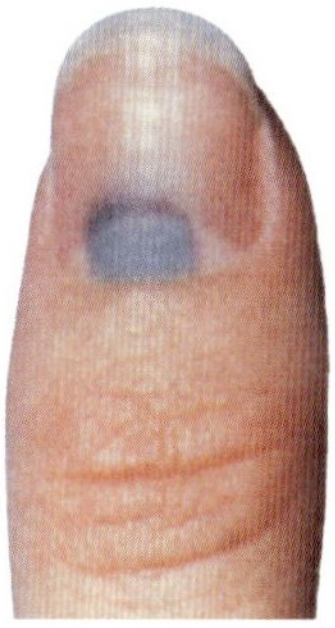

[그림 1-10] 멍든 손톱

③ 손톱 위축증(Onychatrophia)

손톱의 광택이 없어지고 오므라들며 떨어져 나가는 현상이다. 매트릭스가 심하게 상해를 입거나 내과적 질환으로 인해 발생되기도 한다.

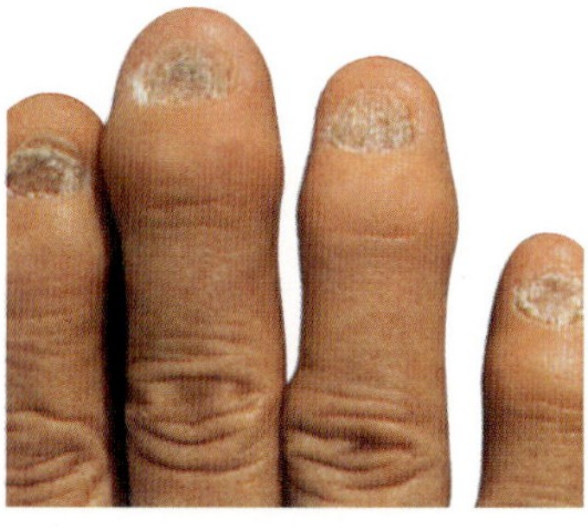

[그림 1-11] 손톱 위축증

④ **교조증**(Onychophagy)

물어뜯는 손톱을 말하며 불안과 초조함에서 오는 행동으로써 버릇을 고치면 좋아지지만 그렇지 못하면 인조 네일을 붙이거나 매니큐어링을 해서 고칠 수 있으나 꾸준한 노력이 필요하다.

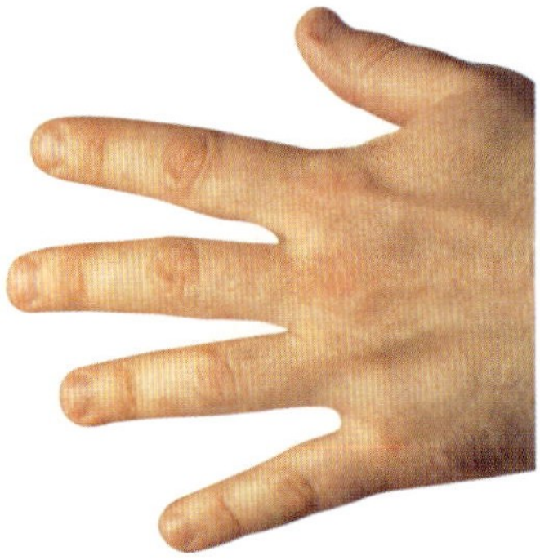

[그림 1-12] 교조증

⑤ **백반증**(Leukonychia)

손톱 표면에 작은 흰 반점이 나타난다. 작은 상처로 생기는데 네일 베드와 네일 플레이트 사이에 공기가 갇혀서 나타난다. 손톱이 자라면서 없어지므로 특별한 처방 없이 시술이 가능하다.

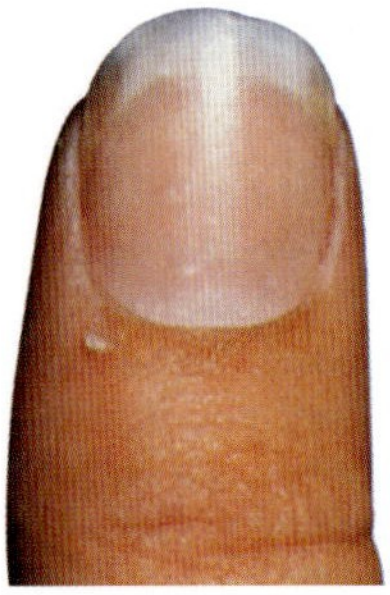

[그림 1-13] 백반증

⑥ **계란껍질손톱**(Eggshell Nail)

손톱이 계란 껍질 처럼 희고 얇아서 널빤지 모양으로 갈라지는 현상이다. 원인은 부적절한 다이어트, 비타민 부족, 내과적 질병 등으로 인해서 발생한다. 잘 부셔지기 쉬우므로 파일의 부드러운 면을 이용하여 조심해서 파일 해야 한다.

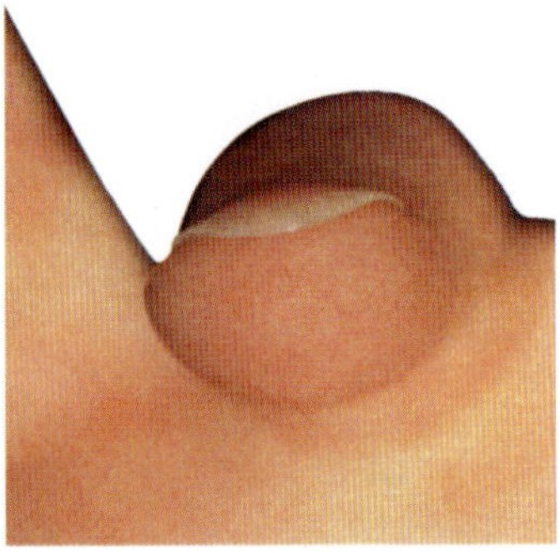

[그림 1-14] 계란껍질손톱

⑦ 고랑파진 손톱 또는 주름 잡힌 네일 (Furrow & Currugation Nail)

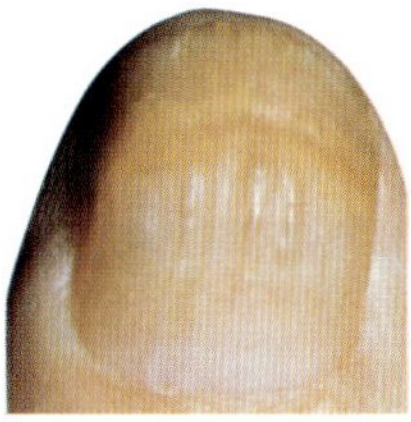

[그림 1-15] 가로주름

손톱에 가로 혹은 세로 주름이 형성되어 있다.

- 가로주름(Furrow) : 어렸을 때 심한 전염병(홍역, 성홍열) 발병 후 또는 고열, 임신, 아연 결핍으로 생기는 일시적인 각질 형성 이상장애로 손톱 위에 가로로 실개천 모양의 홈이 나타난다. 조기질 이상, 피부질환, 당뇨병, 비타민 A결핍 등에 의해 발생하기도 한다.

[그림 1-16] 세로주름

- 수직선의 세로주름(Corrugation) : 선천적, 후천적으로 발생 가능하며 후천적인 경우 손톱을 만드는 조모세포(조기질)의 손상으로 나타난다. 세로선은 류머티즘과 연관이 있을 수 있지만 건강이 좋지 않을 때 나타날 수 있다. 호르몬 및 순환기 계통이 이상이나 동상으로 인해 나타날 수도 있다.

⑧ 손톱 거스러미(Hang Nail)

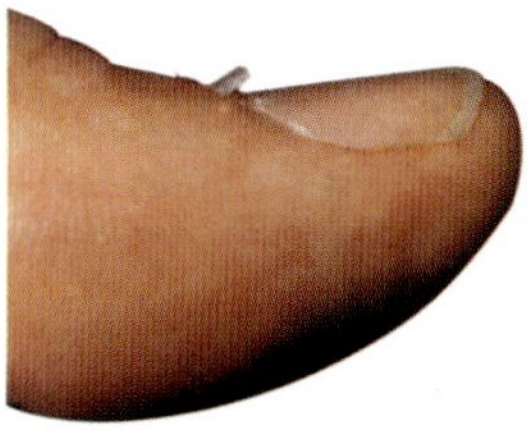

[그림 1-17] 손톱 거스러미

큐티클을 무리하게 잘라 내거나 건조할 때 일어난다. 오일을 사용해 큐티클을 부드럽게 한 후 니퍼를 이용해 잘라낸다. 핫 오일 매니큐어나 파라핀 매니큐어를 시술해 보습을 해준다.

⑨ 조갑 비대증(Onychauxis)

손톱 끝이 지나치게 두꺼워지는 현상으로 내과적 질병에 의해 발생하기도 한다.

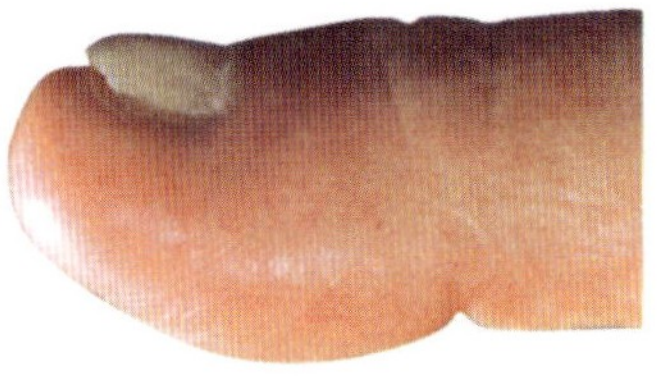

[그림 1-18] 조갑 비대증

⑩ 조갑 종렬증(Onychorrherxis)

손톱이 세로로 갈라지거나 부서지는 현상으로 강한 알칼리성 비누나 리무버의 과다사용, 갑상선 기능 저하증, 비타민 A, B 결핍이 원인이 되며 정상인에게도 찾아볼 수 있다.

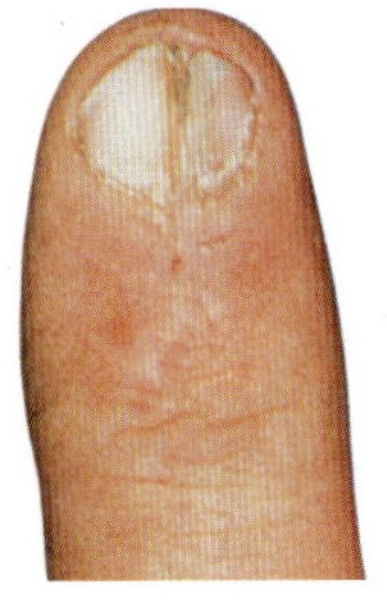

[그림 1-19] 조갑 종렬증

⑪ 조소피 과잉성장(Pterygium)

손톱에 부착된 큐티클이 과성장을 하는 것을 말하며, 규칙적인 마사지와 오일을 이용하여 재발을 막아야 한다.

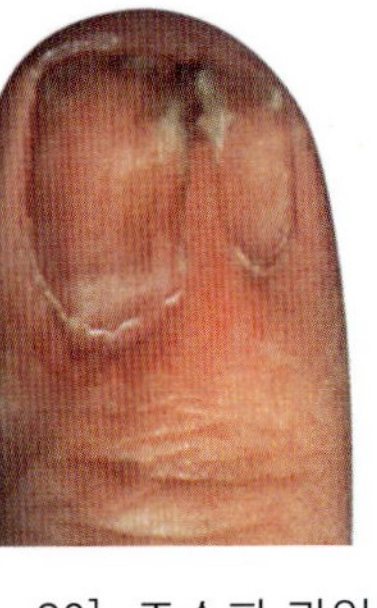

[그림 1-20] 조소피 과잉성장

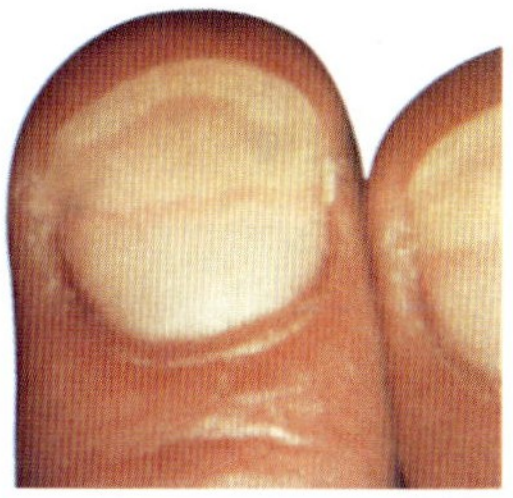

[그림 1-21] 파고드는 손톱

⑫ 파고드는 손톱, 조내생(Onychocryptosis)

손톱이 살집 안으로 파고 들어가는 현상으로 손톱을 잘못 잘랐을 경우 발생한다. 흔히 발에서 많이 볼 수 있으며 꽉 조이는 신발을 신었을 때 발생한다.

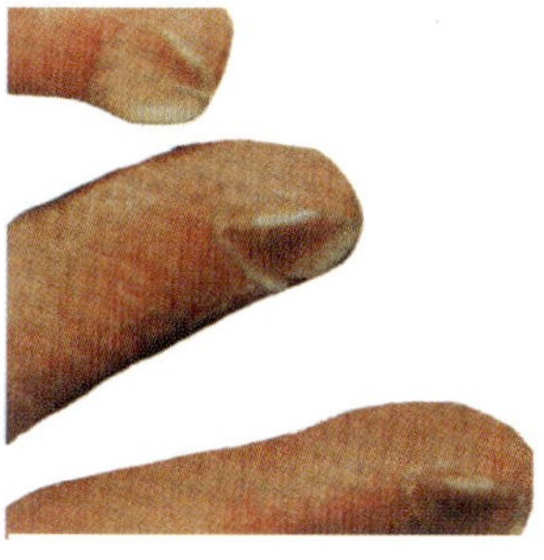

[그림 1-22] 스푼형 손톱

⑭ 스푼형 손톱(Spoon-shaped Nail)

손톱이 지나치게 약하여 손톱 한가운데 부분이 수저내지는 쟁반 모양으로 움푹 들어 간 동시에 얇아지는 경우이다. 건강의 불균형, 국부적 질병 감염, 빈혈 또는 유전적 요인으로 인해 발생한다.

(2) 네일 리스트가 불가능한 이상 손톱

① 사상균증(Mold)

인조 네일과 자연 네일 사이의 틈 사이에 습기가 스며들어 사상균이 번식함으로써 생긴다. 누런색으로 시작하여 황록색, 청록색, 검은색 순으로 변하며, 감염되어 일정 기간이 지나면 퇴색된 곳이 약해지며 나쁜 냄새가 난다.

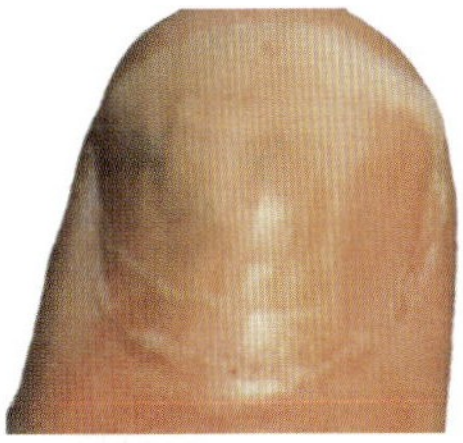

[그림 1-23] 사상균증

② 네일 기저 감염증(Onychia)

손톱에 염증이 생긴 경우이며, 손톱 기저부분에 부종 및 화농이 나타난다. 시술도구를 제대로 소독하지 않아 발생하기도 한다.

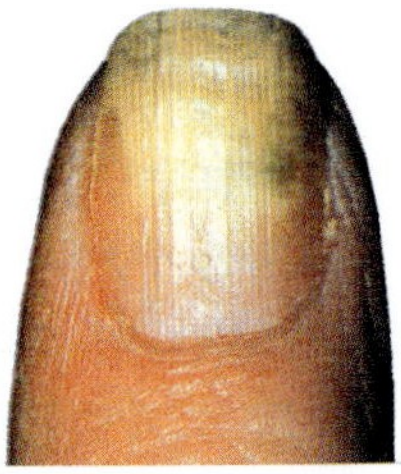

[그림 1-24] 네일 기저 감염증

③ 조갑 구만증(Onychogryphosis)

정확한 원인은 밝혀져 있지 않으나 손톱이 두꺼워지고 길게 자라 손톱 끝이 심하게 휘어지는 현상이다.

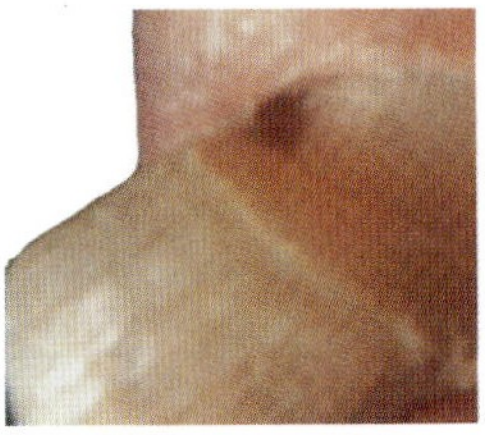

[그림 1-25] 조갑 구만증

④ **조갑 진균증**(Onychomycosis)

진균에 감염되는 것으로 손톱이 광택을 잃고 두꺼워 진다. 변색되거나 울퉁 불퉁해지기도 한다.

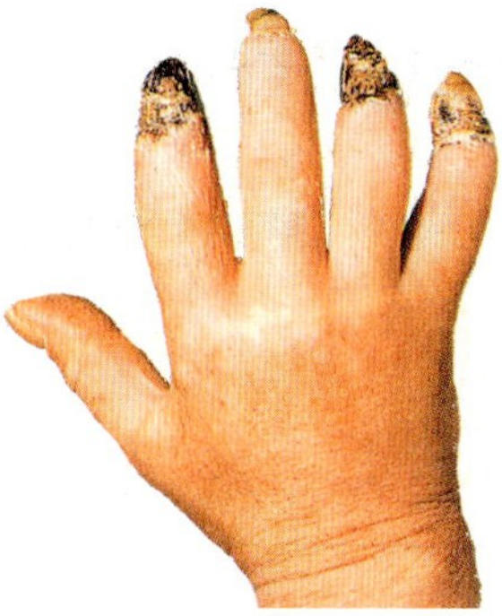

[그림 1-26] 조갑 진균증

⑤ **조갑 탈락증**(Onychogryphosis)

손톱의 일부나 전체가 주기적으로 떨어져 나가는 현상이다. 매독이나 심한 외상으로 발생할 수 있다.

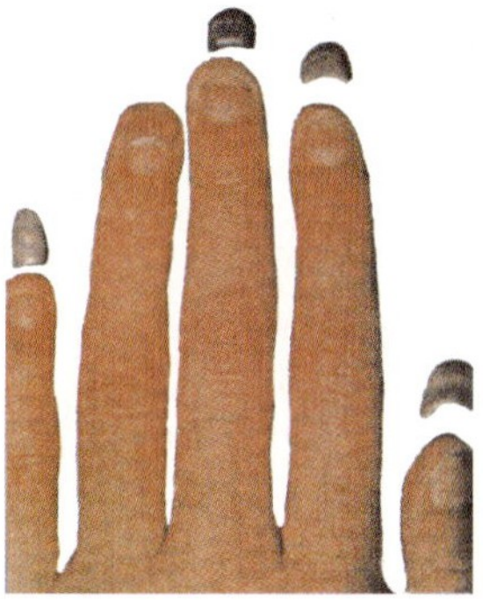

[그림 1-27] 조갑 탈락증

⑥ **조갑 주위염**(Paronychia)

손톱 주위의 피부가 박테리아에 감염되어 빨개지고 부어오른다. 시술 기구들을 잘 소독하지 않거나, 지나치게 큐티클을 밀어 넣거나 잘라냈을 때 나타난다.

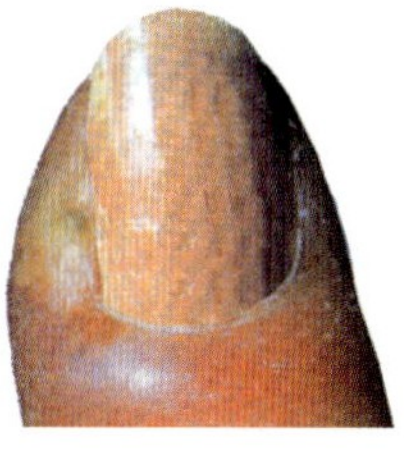

[그림 1-28] 조갑 주위염

⑦ 조갑 박리증(Onychlysis)

손톱과 네일 베드 사이에 공기가 들어가 비어 있는 상태이다. 세균감염이나 약물치료로 인해 발생하기도 하지만 정확한 원인은 밝혀지지 않았다.

[그림 1-29] 조갑 박리증

6. 네일 살롱의 안전과 위생

1) 살롱 내부

① 벽, 천장, 바닥, 작업장, 서랍, 캐비닛 등에 먼지가 없어야 하고, 세척할 수 있는 재질이어야 한다.

② 작업장은 조도가 높고 온 · 냉방시설이 구비되고 따뜻하며 환기가 잘 되어야 한다.

③ 온수와 냉수가 충분히 공급되어야 한다.

④ 모든 배관시설은 올바르게 설치되어야 한다.

⑤ 모든 전기 접속과 도구들은 적절하게 설치되고 배치되어야 한다.

⑥ 냉 · 온 음료 시설과 종이컵이 제공되어야 한다.

⑦ 화장실에는 온수와 냉수, 액상 비누, 종이 타월 등을 갖추고 있어야 한다.

⑧ 개, 고양이, 새와 같은 동물이 살롱 내에 들어와서는 안된다.

2) 도구 및 기구 소독

① 작업장대는 시술 전 70% 알코올이나 소독제로 깨끗이 닦은 후 물품준비를 하고 제품 용기의 외부도 깨끗이 닦는다.

② 모든 도구나 기자재들은 사용 후 매번 소독 처리를 하고 필요시에는 멸균처리를 한다.

③ 1회용 도구들은 재사용하지 않는다.

④ 파일은 한 고객에게만 사용하고, 비닐봉지나 개인 소지품 서랍장에 보관 한 후 고객의 이름을 붙여 재사용할 수 있도록 한다.

⑤ 깨끗한 도구를 보관하는 서랍에 더러운 도구를 함께 두지 않는다.

⑥ 더러워진 도구는 사용 즉시 버리고 바닥에 떨어진 도구는 반드시 소독한 후 사용한다.

⑦ 니퍼, 메탈 푸셔, 랩 가위 등은 사용 후 70% 알코올을 이용하여 20분 동안 담갔다가 흐르는 물에 헹구어 마른 수건으로 닦은 후 자외선 소독기에 넣어 두었다가 사용한다.

⑧ 핑거볼은 가능한 한 일회용을 사용하고 그렇지 않은 경우 반드시 소독 처리해야 한다.

⑨ 린넨과 타올 등은 1회용으로만 사용하고 소독 세탁한다.

⑩ 폐기용품은 뚜껑이 있는 쓰레기통에 담는다.

⑪ 크림이나 연고 등은 스파튤라를 사용해 용기에서 덜어내어 사용한다.

3) 네일 리스트의 위생관리

① 적절한 소독 절차에 대해 정확히 배우고 이를 시행해야 한다.
② 전염 가능성이 있거나 감염이 된 상태에서는 시술하지 않는다(심한 감기, 인플루엔자, 수 두환자, 전염성 보균 상태 등).
③ 상처가 있는 경우 절대 시술하지 말고 전문의를 방문하도록 권한다.
④ 복장과 손은 항상 청결히 한다.
⑤ 화학물질을 사용하는 동안 피부 또는 눈을 만지지 않는다.
⑥ 화학물질을 사용하고 혼합할 때는 사용설명서에 명시된 지시에 따른다.
⑦ 화학물질 사용 후 항상 손을 깨끗이 씻는다.
⑧ 모든 용기에 내용물에 대한 표기를 하며 라벨이 표기 되지 않은 내용물은 사용하지 않는다.

4) 네일 살롱의 안전

① 솔벤트나 프라이머가 눈에 들어가면 심각한 부상을 입게 되므로 특별히 조심한다.
② 파일링 할 때 생기는 먼지나 아크릴 제품, 솔벤트, 프라이머 등에서 발산되는 기체를 호흡하면 건강에 좋지 않다.
③ 네일 폴리시나 폴리시 리무버는 화염의 위험성이 있다.
④ 프라이머와 아크릴 리퀴드는 피부를 심하게 부식시킨다.
⑤ 글루, 젤, 아크릴 리퀴드 그리고 솔벤트는 피부를 건조하게 하여 균혈현상이나 각질이 벗겨지게 한다.

5) 화학 물질로부터 보호하는 방법

① 통풍이 잘되는 작업장에서 작업한다.
② 화학 물질이 공중에 스프레이 되지 않도록 한다.
③ 화학 물질이 피부에 닿지 않도록 한다.
④ 파일링을 할 때 먼지 흡입 방지를 위하여 마스크를 착용하는 것이 좋다
⑤ 콘택트 렌즈 착용을 가급적 피하도록 하고, 보안경을 착용하도록 한다.
⑥ 인화의 위험이 있으므로 담배를 피워서는 안 된다.
⑦ 공기 오염의 원인이 되는 쓰레기통은 자주 비우도록 한다.
⑧ 모든 재료의 뚜껑을 꼭 닫아서 보관한다.
⑨ 음식물을 먹기 전에 반드시 손을 깨끗이 씻도록 한다.

7. 네일 리스트의 자세

1) 고객에 대한 자세

① 하루일과 계획

하루의 스케줄을 메모하고 점검하고 예약시간을 엄수한다.

② 준비완료하기

관리에 필요한 물건과 도구를 철저히 점검하여 세팅한 후 고객을 맞이한다.

③ 예의바른 행동

친절하고 예의바르게 고객을 맞이한다.

④ 단정한 용모

네일 리스트는 세련되고 위생적이며 단정한 옷차림으로 고객에게 좋은 인상을 주도록 한다.

⑤ 네일 전문인으로 자부심과 긍지를 가지도록 한다.

2) 상담과 진단

서비스를 하기 전에 고객과 대화하는 시간을 가지고 고객 카드를 작성하도록 한다. 훌륭한 고객을 상담하고 진단 할 수 있다는 것은 전문인으로서의 네일 아티스트와 보통 사람과의 차이점이다.

(1) 진단절차

- 고객 손의 피부와 손톱 건강여부
- 고객의 알레르기 여부
- 고객의 생활습관
- 고객이 원하는 서비스 여부
- 고객이 최종적으로 선택한 서비스

(2) 네일 관리 기록

네일 서비스가 끝나면 기록 카드에 시술한 네일 서비스의 종류 및 조언을 기록하고, 다음 예약 날짜를 확인한다.

고객 서비스 기록 카드

성 명	
주 소	
직장주소	
전화번호	
예약시간	

날 짜	서비스내용	사후처리	가 격

날 짜	판매중인 제품		가 격

다음 서비스 상담 내용

담당 네일 아티스트명 :

Ⅱ. 실기편

1. 네일 관리도구 및 기구

1) 네일케어 기기

(1) 네일 테이블(Nail Table)

여러 가지 종류가 있지만 네일 리스트와 고객이 편안하게 시술하고 받을 수 있도록 다리를 책상 밑으로 넣을 수 있고, 필요한 매니큐어 용품을 보관할 수 있는 서랍과 네일 에나멜 또는 네일 아트에 필요한 용품을 진열 내지 보관할 수 있는 공간이 마련되어 있으면 더욱 좋다. 램프는 40W로서 적절한 발열량으로 고객의 손을 따뜻하게 해주고 네일 아티스트의 시술 작업에 방해를 주지 않도록 한다.

[그림 2-1] 네일 테이블

(2) 고객용 의자

팔걸이가 있는 편안한 것이 좋다.

[그림 2-2] 고객용 의자

(3) 네일 아트스트용 의자

바퀴가 달려 있어 이동이 가능하고, 에나멜 등이 묻었을 경우 쉽게 제거되어 질 수 있는 것이 좋다.

[그림 2-3] 아트스트용 의자

II 실기편

(4) 습식 소독기(Wet Sanitizer)

[그림 2-4] 습식 소독기

도구의 소독과 살균을 위해 소독제를 채워 도구를 담가 두었다가 사용할 때 꺼내서 쓴다. 사용하지 않을 때는 뚜껑을 항상 닫아 놓는다. 70~90%의 알코올에 20분 이상 담가둔다.

(5) 소독솜 보관기

[그림 2-5] 소독솜 보관기

손 소독 뿐만 아니라 시술시 편안하게 사용할 수 있도록 솜을 보관하는 용기이다.

(6) 손 받침용 쿠션

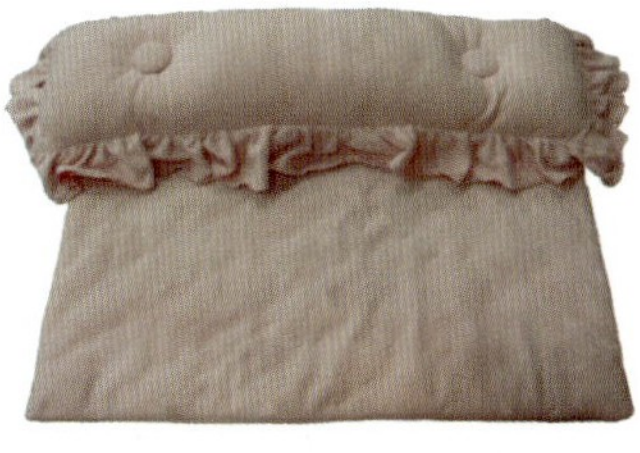

[그림 2-6] 손 받침용 쿠션

시술시에 고객의 손을 받쳐주는 것으로 매 고객마다 위생 처리된 타월을 바꾸어 덮어준 후 사용한다.

(7) 파라핀기(Paraffin Machine)

손의 특수관리를 시술할 때 응고된 파라핀을 녹이는 기기로 용해된 파라핀 액에 손을 담가 팩 관리를 함으로서 거친 손을 예방한다.

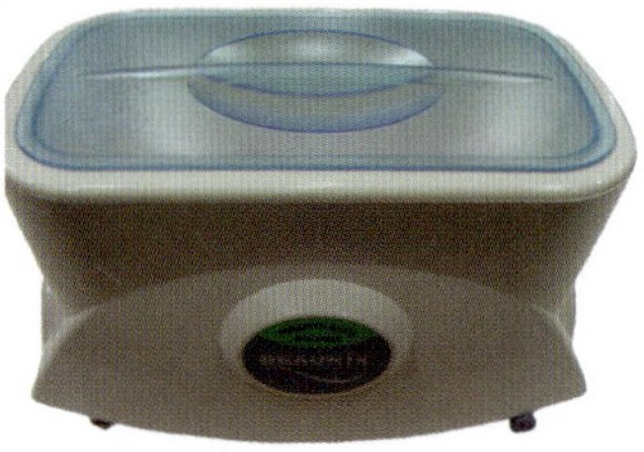

[그림 2-7] 파라핀기

(8) 손 관리 전동기기(Nail Machine)

손관리시 울퉁불퉁한 손톱을 다듬을 때 적합한 드릴을 끼워 사용한다.

[그림 2-8] 손 관리 전동기기

(9) 전기 네일 드라이어

에나멜을 빨리 건조시키기 위한 전기 기구이다. 열선을 이용하는 것과 공기의 흐름을 이용하는 것, 자외선을 이용하는 것 등이 있다.

[그림 2-9] 전기 네일 드라이어

(10) 재료 받침대(Supply Tray)

작업대의 깔끔한 정리와 재료를 이동할 때 편리하게 하기 위해 사용하는 쟁반이나 받침대 등을 말한다.

[그림 2-10] 재료 받침대

[그림 2-11] 자외선 살균 소독기

(11) 자외선 살균 소독기

시술 전에 시술도구를 자외선 살균 소독기에 넣어 두었다가 사용하면 살균 · 소독이 된다. 도구는 여러개를 구비하여 매번 교체하여 사용하도록 한다.

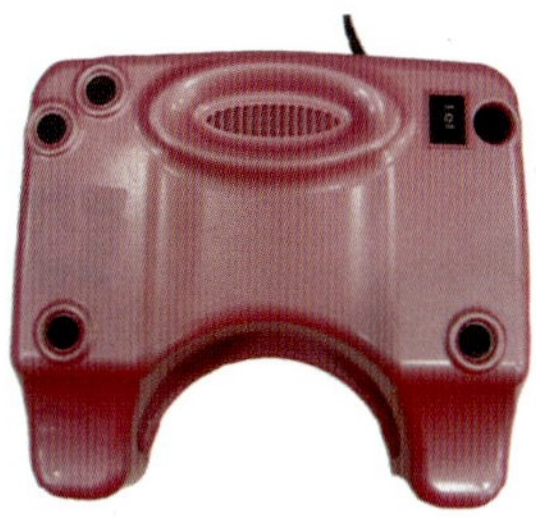

[그림 2-12] U.V 젤 라이트기

(12) U · V 젤 라이트기

U.V 젤 시술시 젤을 응고시킬 때 사용한다.

[그림 2-13] 왁스 워머기

(13) 왁스 워머기(Wax Warmer)

불필요한 털의 제모를 위하여 딱딱한 고체 상태의 왁스를 데우거나 녹일 때 사용한다.

[그림 2-14] 각탕기

(14) 각탕기

페디큐어를 실시하기 전에 각탕 전용 소금을 첨가하여 발을 불리거나 피로를 풀어 줄때 사용한다.

2) 네일 케어 도구

푸셔(Pusher)

네일 주변의 굳은살을 밀어 올리는데 사용한다. 45° 각도로 비스듬하게 세워서 사용하며, 네일 표면을 상하게 할 수 있으므로 너무 세게 밀지 않도록 주의한다. 메탈 푸셔(metal pusher)와 스톤 푸셔(stone pusher) 등이 있다.

[그림 2-15] 푸셔

가죽 버퍼

가죽 소재이며, 3-Way 사용 후 광택을 더욱 내고자 하는 경우 보조적으로 사용한다.

[그림 2-16] 가죽 버퍼

네일 브러쉬(Nail Brush)

파일링 후 생기는 먼지가루 등을 털어낼 때 사용한다. 솔, 더스트 브러시, 핸드 브러시라고도 한다.

[그림 2-17] 네일 브러쉬

니퍼(Nipper)

손톱 주변의 거스러미나 굳은살을 떼어내고 정리할 때 사용한다.

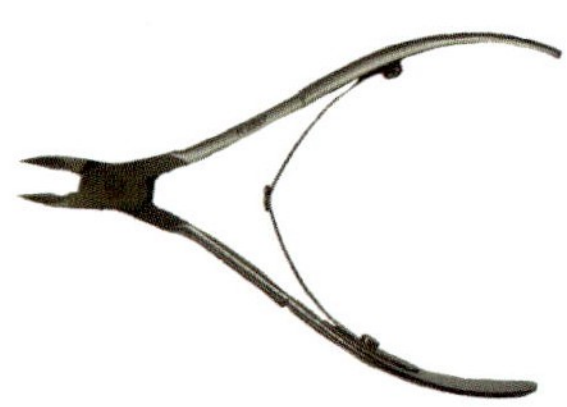

[그림 2-18] 니퍼

 [그림 2-19] 네일 클리퍼	**네일 클리퍼(Nail Clipper)** 자연손톱과 인조손톱을 짧게 잘라 주는데 사용하는 손톱깍이다. 일반적으로 일자형 손톱깍이가 사용하기 편하다.
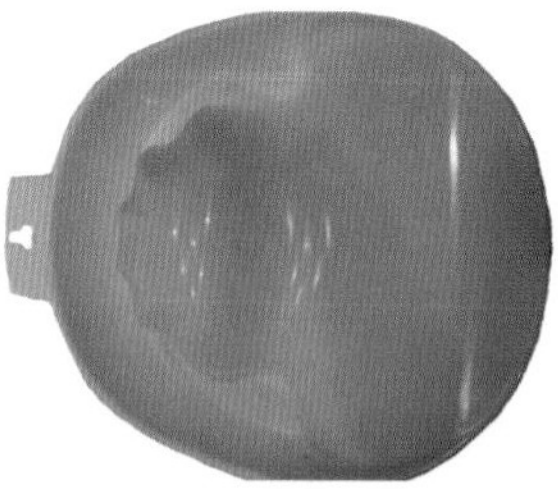 [그림 2-20] 핑거볼	**핑거볼(Finger Bowl)** 플라스틱이나 유리, 도자기로 되어 있으며, 따뜻한 비눗물을 담아 고객의 손끝을 부드럽게 불리는데 사용한다.
 [그림 2-21] 팁 커터	**팁 커터(Tip Cutter)** 인조 팁을 원하는 길이로 자를 때 사용한다.
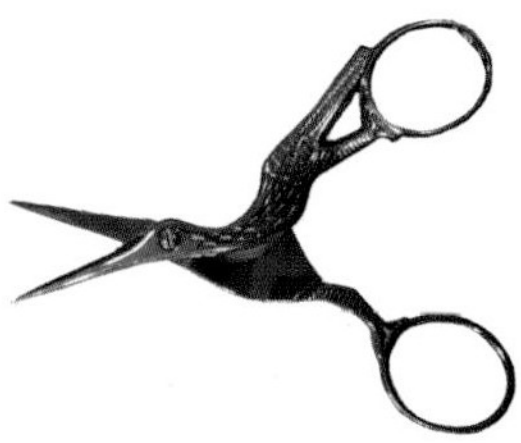 [그림 2-22] 실크가위	**실크가위(Silk Scissors)** 황새 가위라고도 하며 실크나 린넨, 화이버 글래스 등을 자를 때 사용한다.

아크릴릭 브러쉬(Acrylic Brush)

아크릴 작업시 사용되는 브러쉬이다.

[그림 2-23] 아크릴릭 브러쉬

아크릴릭 볼(Acrylic Bowl)

디펜디쉬(Dependish)라고도 하며, 아크릴릭 리퀴드 또는 아크릴릭 파우더를 덜어 쓰는 용기이다.

[그림 2-24] 아크릴릭 볼

콘 커터(Corn Cutter)

발바닥의 굳은살 제거 시 사용하는 전용 칼로 조심해서 사용한다.

[그림 2-25] 콘 커터

패디 파일(Pedi File)

발의 굳은살을 매끄럽게 마무리 해줄 때 사용한다.

[그림 2-26] 패디 파일

	토우 세퍼레이터(Toe Separator, 발가락 끼우게)
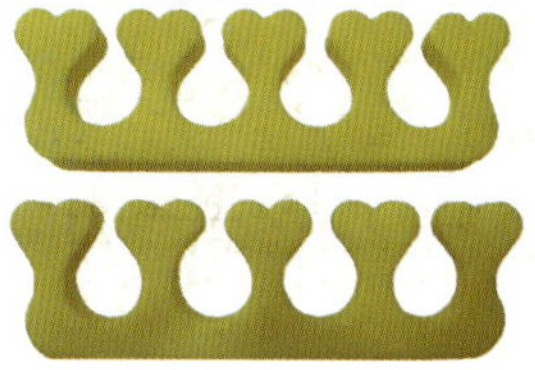 [그림 2-27] 토우 세퍼레이터	발가락을 분리 고정하여 에나멜이 묻어나는 것을 방지할 때 사용한다. 발가락 사이가 좁아 아픈 고객에게는 페이퍼 타올을 말아 발가락 사이에 끼우기도 한다.
	핸드 드릴(Hand Drill, 댕글 드릴)
 [그림 2-28] 핸드 드릴	댕글이나 네일 악세사리를 달기 위해 손톱에 구멍을 뚫을 때 사용한다.
	아크릴릭 폼지(Acrylic Form)
 [그림 2-29] 아크릴릭 폼지	팁 없이 아크릴 파우더만을 가지고 네일을 연장할 때에 프리엣지 부분에 대어서 사용하므로 일종의 받침대 역할을 하는 것이다. 시중에 일회용으로 된 종이 형태와 알루미늄 소재로 된 형태가 나와 있는데 스티커 모양으로 된 일회용 종이 형태의 제품이 사용하기에 편리하다.
	디스펜서(Dispenser)
 [그림 2-30] 디스펜서	디스펜서는 사용하기 쉽도록 여러 가지 용액들을 담아두는 용기로 리퀴드용 · 리무버용 · 로션용 · 알코올용 등의 용도로 사용된다. 재질로는 도자기와 플라스틱 두가지가 있다.

스파출라(Spatula)	
마사지 크림 등을 덜어 낼 때 사용한다.	 [그림 2-31] 스파출라

3) 네일케어 재료

매니큐어 및 페디큐어 시술시에 사용되는 소모품이다.

(1) 종이 타올(Paper Towel)

수건 위에 종이타월을 깔고 매니큐어 시술 시 손의 물기 제거와 파일가루 등으로 인해 지저분할 때 마다 갈아준다.

[그림 2-32] 종이 타올

(2) 솜

에나멜의 제거할 때 사용한다. 오렌지 우드 스틱 끝에 말아서 각종 용품을 바르거나 지울때 사용한다.

[그림2-33] 솜

(3) 알코올

네일 테이블이나 기구들을 소독하는데는 70% 농도의 알코올을 사용하며, 시술자와 고객의 손 손 소독에는 60%의 알코올을 사용한다.

[그림 2-34] 알코올

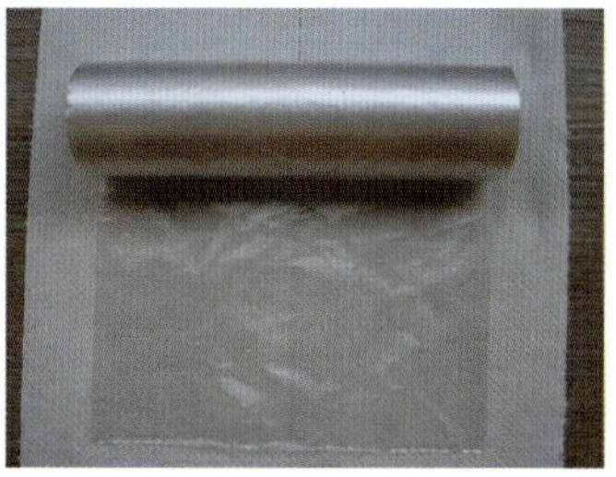

[그림 2-35] 비닐 주머니

(4) 비닐 주머니(Vinyl Pack)

매니큐어를 시술하는 동안 각종 소모품, 폐기물 등을 버리는 용도로 테이블 옆에 붙여놓고 사용하면 편리하다.

[그림 2-36] 지혈제

(5) 지혈제(Styptic)

네일 서비스에 발생되는 출혈을 막는데 사용한다. 액체 타입과 분말 형태가 있다.

[그림 2-37] 살균 비누

(6) 살균 비누

세척제와 박테리아균의 살균제로 핑거볼에 풀어 고객의 손을 세척하는데 사용한다.

[그림 2-38] 손 소독제

(7) 손 소독제(Antiseptic Spray)

손을 소독하는데 사용한다.

(8) 에나멜 리무버(Enamel Remover)

에나멜을 제거하기 위해 사용하며 일반적으로 용제를 주성분으로 한 액상 제품이 많지만 크림 제품도 나와 있다. 에나멜을 제거할 때와 인조네일의 에나멜을 제거하는 경우 넌 아세톤 리무버(Non-acetone Remover)를 사용하는데, 이는 냄새가 적고 피부에 대해 자극이 적다. 아세톤 성분이 너무 강하면 인조 손톱의 끝을 녹인다.

[그림 2-39] 에나멜 리무버

(9) 큐티클 리무버(Cuticle Remover)

큐티클과 손톱주위의 외피를 녹여주는 제품이다.

[그림 2-40] 큐티클 리무버

(10) 큐티클 오일(Cuticle Oil)/ 큐티클 소프트너(Cuticle Softener)

큐티클과 손톱주위의 외피를 부드럽게 하여 제거하기 쉽게 한다. 손톱주변의 피부와 큐티클이 들뜨는 것을 방지하고 보호하며 손톱에 광택을 부여할 때 사용한다. 식물성 유지, 비타민 E, 광물성 기름, 조조바 오일, 야자수 기름 등이 성분으로 쓰인다.

[그림 2-41] 큐티클 오일

(11) 네일 에나멜(Nail Enamel)/ 네일 팔리쉬(Nail Polish)

손톱에 컬러를 내기 위해 발라주는 유색 화장제로 흔히 팔리쉬, 락카, 에나멜 등의 명칭으로 부른다.

[그림 2-42] 네일 에나멜

[그림 2-43] 네일 표백제

(12) 네일 표백제(Nail Bleach)

손톱이 더러워졌거나 누렇게 변했을 때 제거하기 위한 표백제로 6% 과산화수소를 사용한다. 자주 사용하진 않는다.

[그림2-44] 베이스 코트

(13) 베이스 코트(Base Coat)

네일 에나멜을 바르기 전 손톱 표면의 보호와 에나멜의 착색방지 등을 목적으로 코팅막을 형성하기 위해 발라준다.

[그림 2-45] 탑 코트

(14) 탑 코트(Top Coat)

니트로셀룰로즈 성분이 들어 있어서 에나멜을 보호해 줄 뿐만 아니라 광택을 더해주며, 에나멜이 빨리 벗겨지는 것을 방지해 주는 코팅막 역할을 한다.

[그림 2-46] 네일 보강제

(15) 네일 보강제(Nail Strengthener)

베이스 코트를 바르기 전에 발라 손톱이 찢어지거나 갈라지는 것을 예방해준다. 네일 하드너, 혹은 영양제 등 다양한 제품이 있다.

(16) 에나멜 드라이어(Enamel Dryer)

스프레이 타입으로 네일 에나멜을 인공적으로 빨리 건조시키는데 사용한다.

[그림 2-47] 에나멜 드라이어

(17) 로션(Hand Lotion & Foot Lotion)

손과 발에 윤활과 보습효과를 주어 아름답고 윤기가 있게 가꾸어 주는 로션이다.

[그림 2-48] 로션

(18) 네일 에나멜 띠너 (Nail Enamel Thinner)

굳어진 에나멜을 바르기 좋게 묽게 만드는데 사용하는 희석제를 말한다. 에나멜을 사용하기 전에 3~4방울 떨어뜨려 사용한다.

[그림 2-49] 네일 에나멜 띠너

(19) 네일 팁(Nail Tip)

자연 손톱에 접착제를 이용해 붙이는 인조 네일의 재료로 손톱을 길어 보이게 하고 아름답게 보이도록 한다. 뒷면의 움푹 파여진 윗부분을 웰(well)이라 한다. 스퀘어 팁, 레귤러 팁, 롱 커브 팁, 프렌치 팁, 풀팁, 컬러팁 등 여러 종류의 것이 있다.

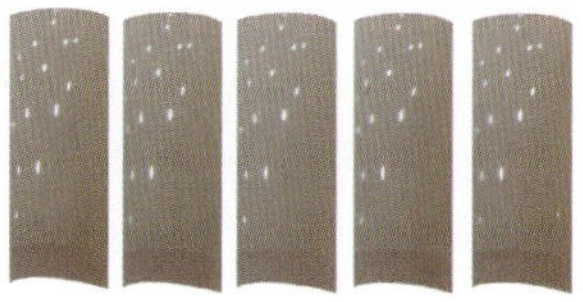

[그림 2-50] 네일 팁

[그림 2-51] 필러 파우더

(20) 필러 파우더(Filler Powder)

갈라지거나 찢어진 손톱의 틈을 메울 때나, 인조 네일을 붙인 후 자연 손톱 위에 뿌려 손톱 표면을 고르게 할 때 사용하는 가루로서 글루나 젤을 함께 사용한다.

[그림 2-52] 글루와 젤

(21) 글루(Glue)와 젤(Gel)

인조 네일을 자연 손톱 위에 붙이거나 네일 표면 전체를 도포 할 때 이용되는 네일 전용 접착제이다. 젤글루는 글루보다 두께감이 있고 접착성이 강하며 끈적끈적하다.

[그림 2-53] 글루 드라이어

(22) 글루 드라이어(Glue Dryer)

글루나 젤 도포 후 빠른 작업을 위해 말려줄 때 스프레이 한다.

[그림 2-54] 랩

(23) 랩(Wrap)

손톱이 갈라지거나 찢어졌을 때, 익스텐션 시술 시에 사용되는 재료로 실크(Silk)와 린넨(Linen), 화이버 글래스(Fiberglass) 등이 있다.

(24) 프라이머(Primer)

손톱표면에 불순물 및 유분기를 제거하여 아크릴릭 시술 시 접착력을 높여주기 위해서 발라준다.

[그림 2-55] 프라이머

(25) 아크릴릭 파우더(Acrylic Powder)

손톱을 연장하거나 보강하기 위하여 분말로 되어 있는 이 파우더와 리퀴드를 믹스하여 볼을 만든 뒤에 사용한다.

[그림 2-56] 아크릴릭 파우더

(26) 아크릴릭 리퀴드(Acrylic Liquid)

아크릴릭 파우더를 녹여서 볼을 만들어 반죽할 때 사용한다.

[그림 2-57] 아크릴릭 리퀴드

(27) 브러쉬 크리너(Brush Cleaner)

아크릴 믹스할 때 파우더를 녹여주는 역할을 하며, 붓에 파우더가 엉겨 붙었을 때 이를 녹여내기 위해 사용한다.

[그림 2-58] 브러쉬 크리너

[그림 2-59] 네일 화이트

(28) 네일 화이트(Nail Whitener)

손톱의 프리 엣지 부분이 희게 보이게 해 주는 것으로 크림이나 치약처럼 되어 있다.

[그림 2-60] 오렌지 우드 스틱

(29) 오렌지우드스틱 (Orange Wood Stick)

오렌지 나무로 만든 가느다란 막대기로 한쪽 끝은 뾰족한 연필심으로, 다른 한쪽 끝은 푸셔의 기능을 할 수 있게 되어있으므로 큐티클을 밀어 주거나 에나멜을 제거할 때 사용한다.

[그림 2-61] 파일에/머리 보드

(30) 파일(File) / 에머리 보드(Emery Board)

손톱의 길이를 조정하거나 손톱 모양을 다듬을 때 사용한다. 인조네일의 시술시에는 네일 표면을 갈아 부드럽게 할 때에도 사용한다. 철제와 비철제로 된 것이 있으며 철제로 된 것은 사용 후에는 반드시 살균소독 처리를 한다. 비철제 파일은 다양한 입자의 굵기에 따라 거친 것과 부드러운 것이 있는데 이것은 그릿(grit)으로 표시되며 그릿의 숫자가 올라갈수록 부드럽다.

- 그릿(Grite)수에 따른 파일의 용도 -

80	연마력이 강함
100	연마력이 있고, 인조네일의 모양을 만드는데 일반적으로 사용
150~180	부드럽고 자연 손톱의 형태를 잡을 때나 큐티클 주변을 정리 할 때 사용
300	부드러움
400이상	광택이 뛰어나고 반짝임

(31) 샌딩 블럭(Sanding Block)

버퍼라고도 한다. 네일 표면을 부드럽게 할 때나 인조 네일 시술시에 표면을 갈아 매끄럽게 할 때 사용한다.

[그림 2-62] 샌딩블럭

(32) 삼색화일(3-Way File)

3면이 서로 다른 거칠기를 지니고 있으며, 거친 면에서 부드러운 면의 순서로 사용된다. 재질은 합성수지이며 네일 표면의 광택을 내는데 사용한다.

[그림 2-63] 삼색화일

(33) 라운드 패드(디스크 팩)

과거에는 LP판 모양과 닮았다 하여 디스크 팩이라 불렸지만 요즘은 여러 가지 모양으로 판매되고 있어 라운드 패드라고 한다. 파일링 한 후 떨어지지 않은 찌꺼기들을 제거하기 위해 사용한다.

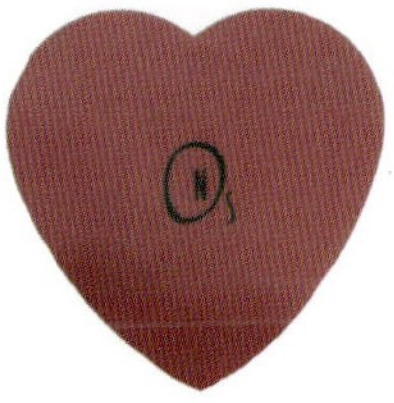

[그림 2-64] 라운드 패드

Ⅱ 실기편

2. 손톱 디자인

1) 손톱의 5가지 기본형태

(1) 스퀘어형(Square Shape)

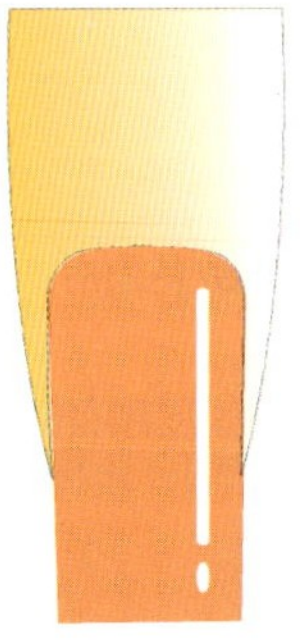

[그림 2-65] 스퀘어형

강한 이미지의 형태로 인조손톱의 경우 많이 사용되며 발톱의 모양을 잡을 때 주로 사용된다. 다른 형태의 네일 보다 잘 부러지지 않으며 파일의 각도는 90°를 유지하며 쥐고 다듬는다. 도시적인 느낌을 주며, 컴퓨터 작업을 많이 하는 사람과 활동적인 작업을 가진 사람에게 적당하다.

(2) 오버 스퀘어형(Over Square Shape)

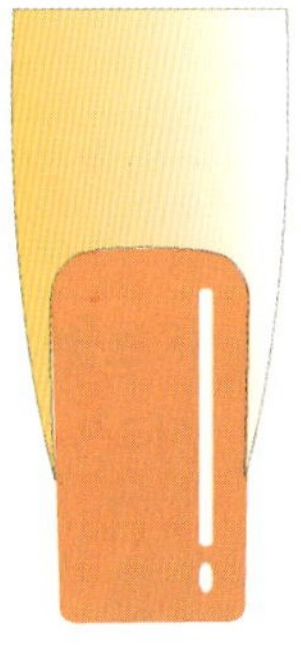

[그림 2-66] 오버 스퀘어형

누구에게나 잘 어울리는 형태로 스퀘어형 네일의 모서리 만 둥글게 된 형태이다. 젊은 층이 선호하는 이미지의 형태로 활동적인 작업을 가졌거나 손톱을 많이 사용하는 직업의 고객에게 적당하며 네일이 약한 경우 매우 적합하며 앙상하게 마른 느낌의 손에도 잘 어울리는 형태이다. 파일은 45° 정도 기울여 수평으로 다듬는다.

(3) 라운드형(Round Shape)

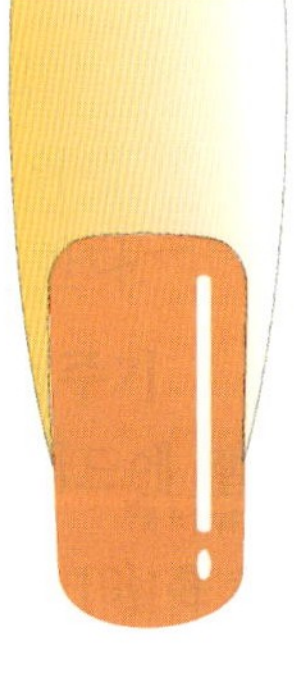

[그림 2-67] 라운드형

손톱 프리 엣지 부분의 어느 곳에도 각이 없는 둥근 모양으로서 평범하고 단정한 느낌을 준다. 손·발톱을 라운드 모양으로 너무 짧게 손질하면 살에 파고드는 원인이 된다. 남성들이 주로 선호하는 모양이다. 파일의 45° 각도로 쥐고 다듬는다.

(4) 오발형(Oval Shape)

여성들이 많이 선호하는 형태로 라운드형 네일보다 길이가 긴 상태에서 양쪽 모서리를 둥글게 하여 타원형의 반쪽 모양을 한 형태이다. 손의 노출이 많은 직업의 여성들이 선호하는 모양으로 파일은 15° 각도로 쥐고 다듬는다.

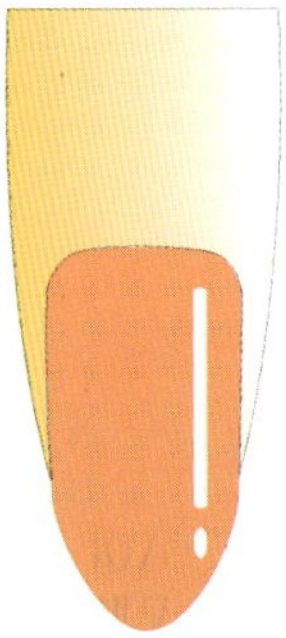

[그림 2-68] 오발형

(5) 포인티드형(Pointed Shape)

오발형에서 앞으로 더욱 뾰쪽한 형태로 양 가장자리가 좁아 스트레스 포인트 부분이 부러지기 쉬운 형태이다.

일반적이라기보다는 쇼나 아트용으로 많이 활용한다. 파일은 10° 정도 기울여 수평으로 다듬는다.

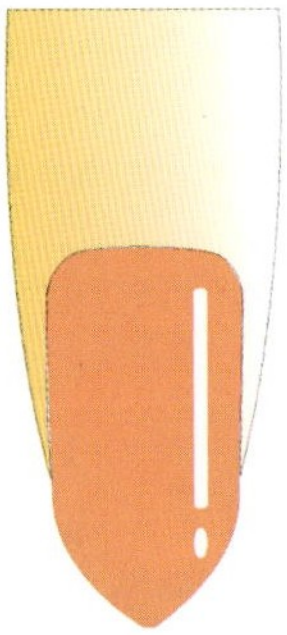

[그림 2-69] 포인티드형

II 실기편

2) 파일링의 방법

(1) 올바르게 파일 잡는 법

파일의 1/3지점까지 최대한 가볍게 사용할 수 있게 쥔다. 엄지로 파일을 받치고 나머지 손가락으로 가볍게 쥔다.

(2) 자유연 파일링 방법

일자형은 최대한 파일을 세워 바깥쪽에서 중앙으로 가볍게 긋듯이 파일링한다. 둥근 모양일수록 파일을 눕혀 부드럽게 파일링한다.

(3) 오른쪽 외조구 파일링 방법

파일을 거꾸로 쥐고 가볍게 위에서 아래로 긋듯이 파일링한다.

(4) 왼쪽 외조구 파일링 방법

외조구 살쪽을 최대한 당겨주면서 파고들 듯이 파일링 한다.

3) 컬러링 테크닉

	전체 코트(Full Coat)
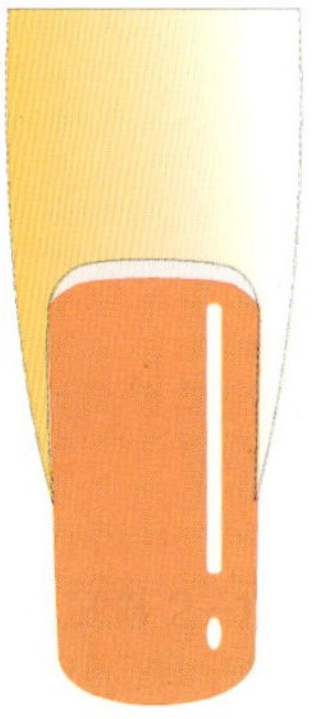 [그림 2-70] 전체 코트	손톱 전체에 에나멜을 발라주는 것이다.
	프리 엣지(Free Edge)
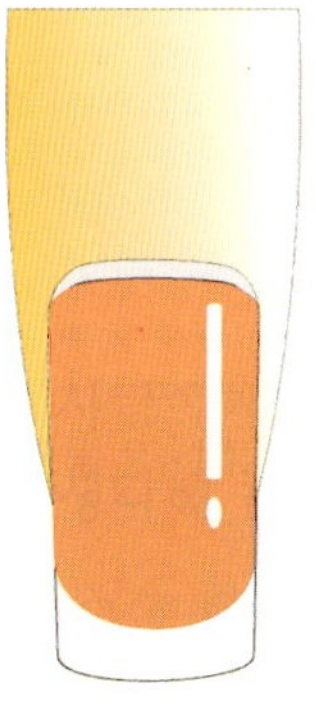 [그림 2-71] 프리 엣지	손톱이 자라난 하얀 부분만 빼고 칠하는 것이다.

헤어라인 코트(Hairline Coat)

전체 코트를 칠한 후 손톱 끝 둘레를 약 1/16인체 리무버로 지워낸 뒤 탑코트를 발라 마무리 한다.

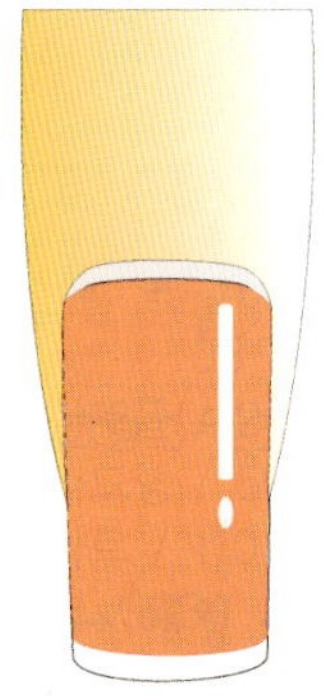

[그림 2-72] 헤어라인 코트

슬림라인 코트(Slimline Coat)

손톱을 좁고 가늘게 보이도록 에나멜을 바르는 방법으로 양 옆을 약 1/16인치 정도 남겨놓고 바른다.

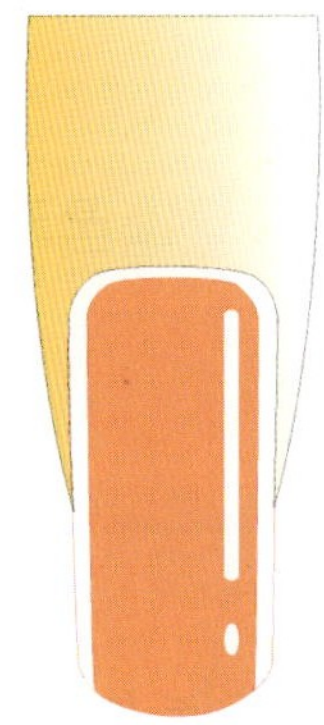

[그림 2-73] 슬림라인 코트

루눌라 코트(Lunula Coat)

손톱의 반달 부분만 남기고 칠하는 것이다.

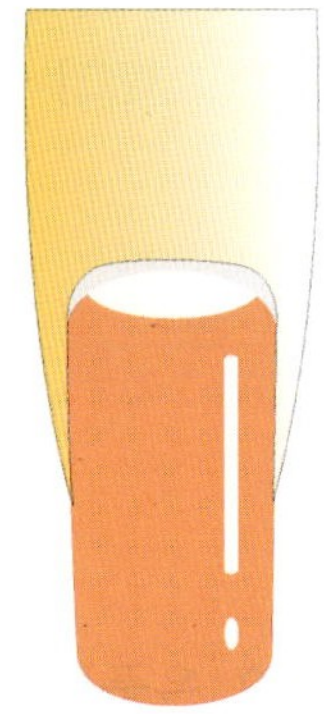

[그림 2-74] 루눌라 코트

4) 에나멜을 바르는 순서 및 방법

(1) 베이스코트를 손톱 전체에 최대한 얇게 바른다.

베이스 코트가 두꺼울 경우 컬러의 건조 속도가 느리고 밀리는 경우가 생긴다.

(2) 선택한 에나멜을 새끼손가락에서 엄지손가락의 순으로 얇게 바른다. (두번 도포한다.)

① 가운데 부분 바르기
② 왼쪽 바르기(오른쪽과 왼쪽의 방향은 바뀌어도 무관)
③ 오른쪽 바르기
④ 프리 엣지 부분 바르기
⑤ 다시 한 번 ①, ②, ③을 순서대로 반복한다.

(3) 탑 코트를 바른다.

(4) 마무리를 한다.

면봉 또는 오렌지 우드스틱을 이용하여 지저분해진 부분을 닦아낸다.

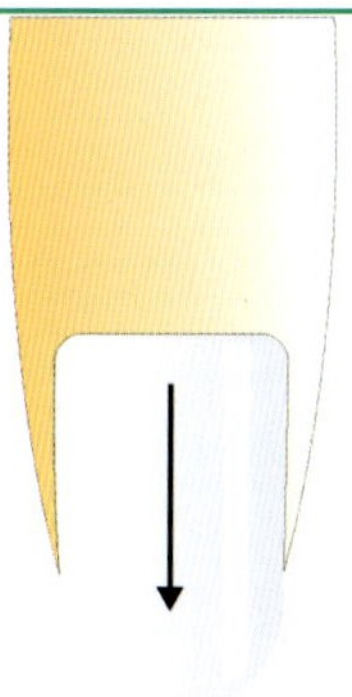
[그림 2-75] 첫 번째 순서

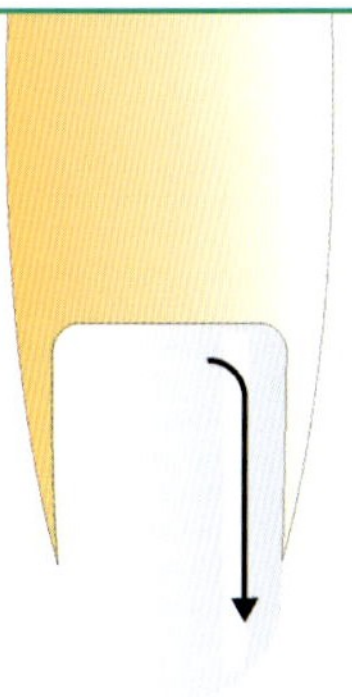
[그림 2-76] 두 번째 순서

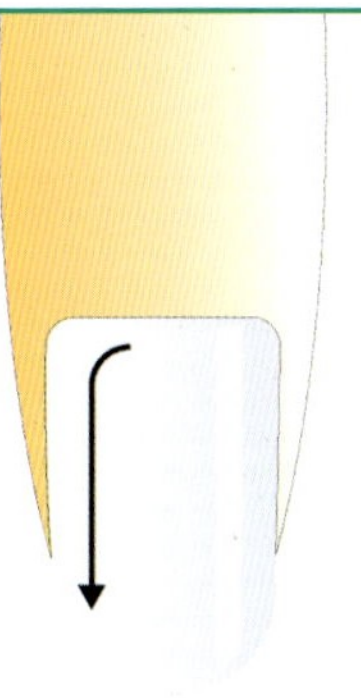
[그림 2-77] 세 번째 순서

5) 에나멜을 지우는 방법

에나멜 리무버는 아세톤이라는 매우 강한 화학성분을 함유하고 있는 것이 많다. 에나멜을 바르는 빈도는 1주일에 1회 정도가 가장 바람직하다. 너무 자주 에나멜을 바르면 손톱에 포함되어 있는 유분과 수분을 급격하게 잃게 되고, 손톱의 건강을 해칠 위험이 있기 때문에 주의해야 한다.

에나멜을 지울 때는 우선 액을 묻히고 나서 솜을 손톱 위에 5~6초 정도 둔다. 그런 다음 가볍게 누른 채 손끝을 향해 끌면서 닦아 낸다. 표면을 싹싹 문지르면 솜에 묻혀 나온 에나멜이 손가락과 부드러운 살갗 주위에 묻게 된다. 그러므로 손톱의 안쪽과 주위에 남은 에나멜은 리무버를 적신 면봉 등을 이용해서 제거해 준다.

솜을 이용한 리무빙 동작은 오른쪽 → 왼쪽 → 중앙 → 앞 방향으로 시술한다.

6) 네일 에나멜 색상 선택법

네일 에나멜의 색상 선택은 의상, 립스틱, 아이새도우 등 전체적인 코디를 고려하여 선정한다.

(1) 평범한 의상

자연스러운 색이나 투명감 있는 색이 무난하다.

(2) 화려한 파티나 레저

의상의 색깔이나 디자인에 따라 빨강이나 오렌지 계통의 선명한 색상이 잘 어울린다.

(3) 한복일 경우

고상하고 차분한 핑크 계통이 좋다.

(4) 피부가 비치는 엷은 옷

분위기에 따라 진주색이 섞인 것을 바르면 세련되어 보인다.

(5) 시원한 느낌을 주고 싶을 때

청색, 녹색, 흰색 계통의 네일 에나멜을 바른다.

(6) 강렬하고 선명한 느낌을 주고 싶을 때

빨강색 등의 원색을 선택하여 바른다.

7) 네일 에나멜 컬러 베리에이션

색 상	내 용
빨강	따뜻하고 지적이며 정열적인 빨간색 에나멜은 깔끔하고 단정한 느낌을 준다.
분홍	환상적인 분위기를 자아내게 하는 분홍색 에나멜은 어떤 의상이나 메이크업에도 잘 어울린다. 특히 분홍 한복에 더욱 어울린다.
노랑	피부색이 흰 사람에게 특히 잘 어울리며 갈색이나 초록색, 노란색 의상에 어울린다.
녹색	차갑고 편안한 인상을 주는 색상으로 일반적으로 선호하는 에나멜 색상은 아니다.
파란	차갑고 잔잔한 기분을 주는 파란색 에나멜은 여름에 선호하는 색으로 라이트 브라운 립스틱 색깔과 맞추면 잘 어울린다.
갈색	가을에 특히 잘 어울리는 색상으로, 동색 계열의 의상과 조화시키면 세련되고 차분한 분위기가 연출된다.
보라	보라색 에나멜은 동색 의상과 메이크업에 맞추어 입으면 신비한 느낌을 준다.
주황	가을에 투명한 피부나 검은 피부색을 가진 사람에게 잘 어울리며, 발랄하고 활동적이며 따뜻함과 해지는 저녁을 연상시킨다.

색 상		내 용
흰색		창백한 느낌의 펄 흰색 에나멜을 순결한 여성의 아름다움을 표현하며 은은한 화려함까지도 느끼게 한다.
회색		세련된 중간색으로 어두운 피부와 어울리며 진한 립스틱과 매치하면 세련된 분위기를 연출한다.
검정		고급스럽고, 강렬한 색상으로 원색들과 대비효과를 통해 세련된 이미지를 연출한다.

3. 습식 매니큐어

습식 매니큐어란 손의 전체적인 관리를 말하며 물의 사용 여부에 따라 습식과 건식으로 나누어 진다. 가장 일반적인(Regular Manicure) 시술이며 손과 손톱의 관리, 컬러링, 마사지가 포함된다.

1) 사전 준비물

안티셉틱, 핑거볼, 타월, 에나멜 리무버, 디스펜스, 3-way(광택용), 핸드 로션, 큐티클오일, 큐티클 리무버, 에나멜, 탑 코트, 베이스 코트, 네일 브러쉬, 지혈제, 샌딩 파일, 디스크 패드, 에머리보드, 오렌지우드스틱, 클리퍼, 코튼(솜), 메탈 푸셔, 큐티클 니퍼, 기구소독제

2) 시술과정

① 손 소독 하기

솜에 안티셉틱을 뿌려 시술자의 손을 먼저 소독한 후 고객의 양손 앞뒤를 꼼꼼히 소독한다. 스프레이를 직접 손에 뿌려서 페이퍼 타월로 눌러 닦아도 무관하다.

② 에나멜 지우기

적당량의 에나멜 리무버(비아세톤)를 솜에 묻혀 큐티클 주위의 네일 표면 위에 약 5초 정도 얹었다가 아래로 문지르듯이 닦아내며 제거한다.

③ 파일링 및 쉐입 잡기

부드러운 파일을 이용하여 고객이 원하는 모양의 네일을 만들어 준다. 파일링을 할때는 양쪽 코너를 깊숙이 파일링 하지 않도록 주의해야하며 자연 네일의 경우 파일링은 양쪽 코너에서 중앙으로 해야지만 자연 네일의 손상이 덜하다.

④ 샌딩 파일

네일 표면이 거칠거나 매끄럽지 못한 경우 샌딩 파일로 표면을 매끄럽게 해준다.

⑤ 핑거볼에 손 담그기

미지근한 물에 향균 비누 소독액을 1~2방울 정도 풀어둔 후 큐티클리무버를 바르고 핑거볼에 왼손부터 담근다. 손을 담그고 있는 동안 반대편 손에 3~5번의 과정을 시술한다.

⑥ 푸셔로 밀기

푸셔를 연필 잡는 식으로 잡고 45도 각도로 큐티클을 밀어주는데 자연 네일이 긁히지 않도록 한다.

⑦ 니퍼로 큐티클 제거

니퍼로 불필요하고 지저분한 큐티클을 한 덩어리로 정리한다. 큐티클을 오른쪽에서 왼쪽 방향으로 하되 너무 깊숙한 곳을 제거하여 통증을 주거나 피가 나는 일이 없도록 주의 해야 한다.

⑧ 안티셉티으로 소독하기

큐티클 정리 후 세균침투를 막기 위해 안티셉틱으로 소독한다.

※손 마사지

로션 바르기(도포) → 손등과 뼈사이 마사지 → 손바닥 마사지 → 손목 돌리기, 깍지 끼고 상하 마사지 → 손가락 눌러주기, 손가락 마디 튕기기 → 손 전체 돌려주기 → 경타 마사지 → 스팀타월(고혈압, 심장병, 중풍 등의 질병이 있는 고객에게는 마시지 서비스를 피해야 하며, 관절염이 있는 고객에게는 아주 조심스럽게 마사지 한다.)

⑨ 베이스 코트 바르기

가능한 얇게 1회 바른다. 베이스 코트는 송진 성분이 있어 손톱의 변색을 막아주고 팔리쉬의 접착을 도와준다.

⑩ 에나멜 바르기

얇게 2회 바른다. 네일의 양옆과 프리 엣지 밑 부분 까지 꼼꼼하게 풀 코트로 바른다. 피부에 묻은 에나멜은 오렌지우드 스틱에 적은양의 솜을 말아 리무버를 묻혀 닦아준다.

⑪ 탑 코트 바르기

붓 끝에 방울액으로 살짝 굴리면서 얇게 1회 바른다.

⑫ 완성

[그림 2-78] 손 소독 하기

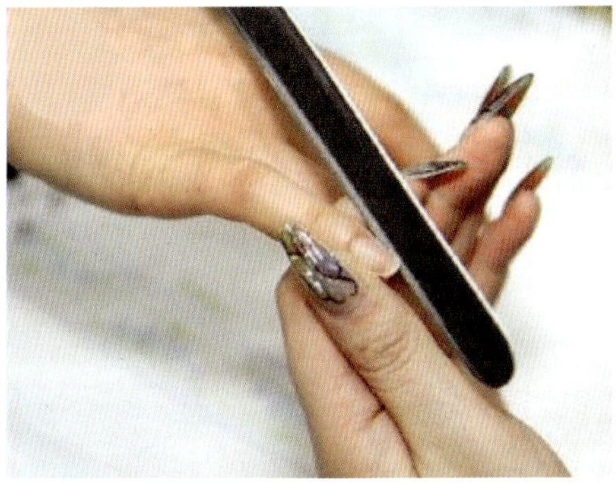

[그림 2-79] 파일링 및 쉐입잡기

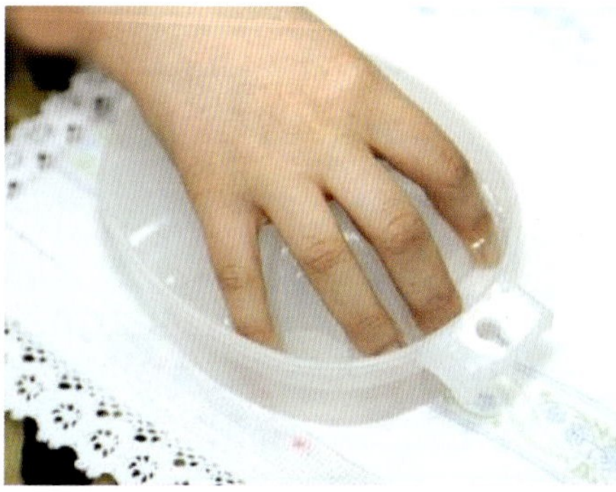

[그림 2-80] 핑거볼 손 담그기

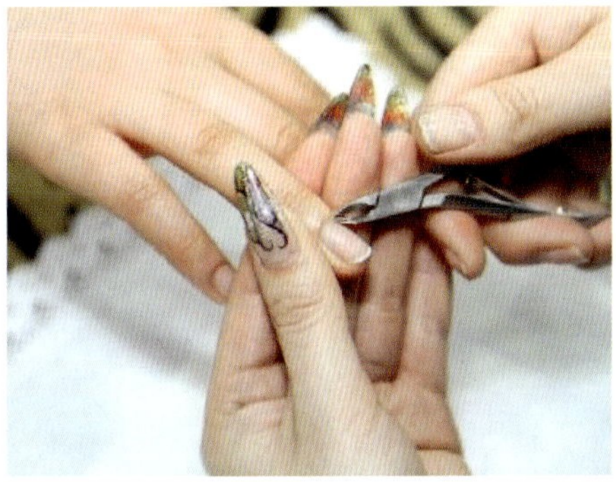

[그림 2-81] 니퍼로 큐티클 제거

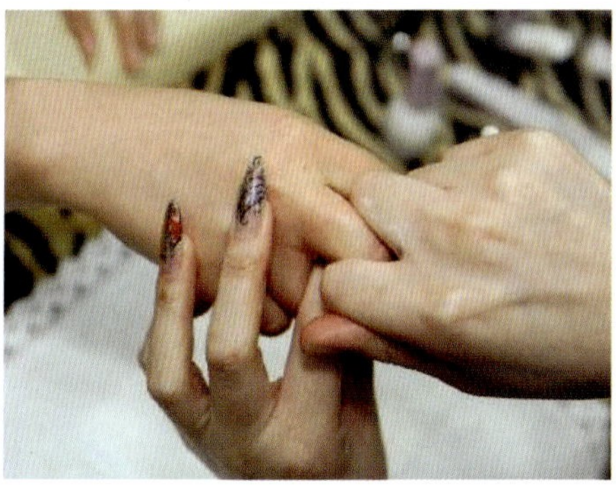

[그림 2-82] 손 마사지 하기

[그림 2-83] 완성

4. 페디큐어(Pedicure)

페디큐어란 발톱을 손질해주고 발 마사지를 포함하여 발바닥 각질을 제거하는 시술이다. 겨울철 보다 노출이 많은 여름철에 더욱 효과적이다.

1) 사전 준비물

페디파일, 타월, 에나멜 리무버, 안티셉틱, 디스펜스, 샌딩, 지혈제, 핸드 로션, 큐티클오일, 에나멜, 큐티클 리무버, 탑 코트, 베이스 코트, 메탈 푸셔, 니퍼, 에머리보드, 오렌지우드스틱, 콘커터, 3-way(광택용), 토우 세퍼레이터, 클리퍼, 디스크 패드, 솜, 안티셉틱, 기구소독제

2) 시술과정

① 소독하기

솜에 안티셉틱을 뿌려 시술자의 손을 먼저 소독한 후 고객의 발을 세척한다.

② 에나멜 지우기

에나멜 리무버로 에나멜을 제거한다.

③ 파일링 하기

쉐입은 스퀘어로 잡아주고, 샌딩을 이용하여 발톱의 표면을 정리한다.

④ 큐티클 리무버 바르기

큐티클 리무버 바른 후 분무기로 물을 분사하거나, 족탕기에 담근다.

⑤ 큐티클 정리

푸셔로 큐티클을 밀고, 니퍼를 이용해 큐티클을 정리한다.

⑥ 콘커터 하기

콘커터를 이용하여 발바닥의 굳은살을 제거한다(족문 방향대로 안쪽에서 바깥쪽으로 사용한다).

⑦ 굳은살 마모시키기

페디파일에 핸드 로션을 묻혀 남은 굳은살을 부드럽게 마모시켜 준다.

⑧ 발바닥 소독하기

남은 로션을 제거한 후 발톱의 큐티클 부분과 발바닥을 소독해준다.

⑨ 발 마사지

로션 도포하기 → 문지르기 → 복숭아 뼈 지압하기 → 발가락사이 마사지 → 발가락 튕기기 → 발바닥 마사지 → 발목 돌려주기 → 발등 두드려 주기

⑩ 유분기 제거

스팀타월이나 페이퍼타월로 유분기를 제거해주고, 발톱의 유분기는 에나멜 리무버로 깨끗이 제거한다.

⑪ 토우 세퍼레이터 끼우기

⑫ 컬러링

베이스 코트 1회 → 에나멜 2회 → 탑 코트 1회 도포한다.

⑬ 완성

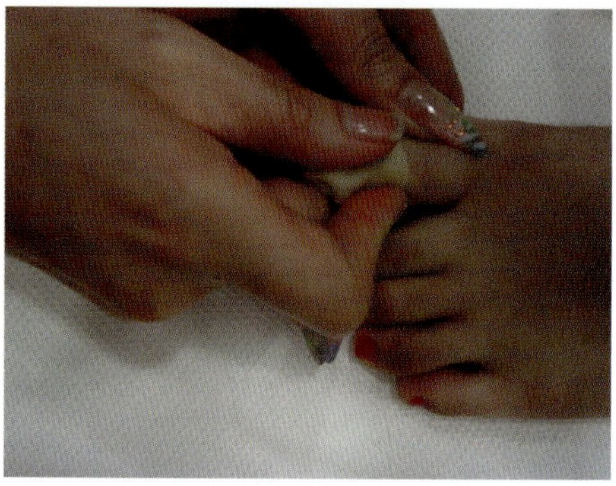

[그림 2-84] 에나멜 지우기

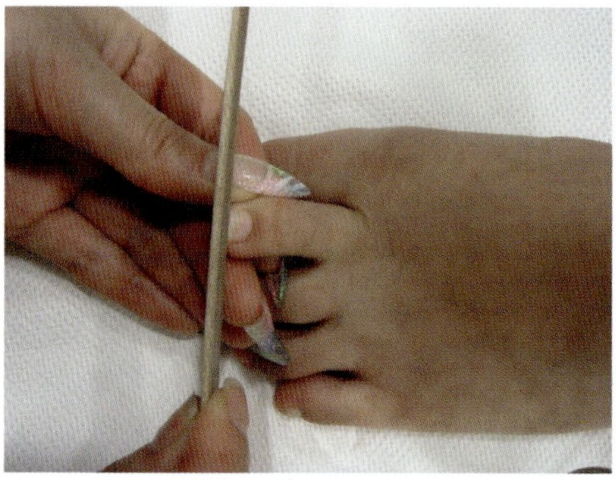

[그림 2-85] 파일링 하기

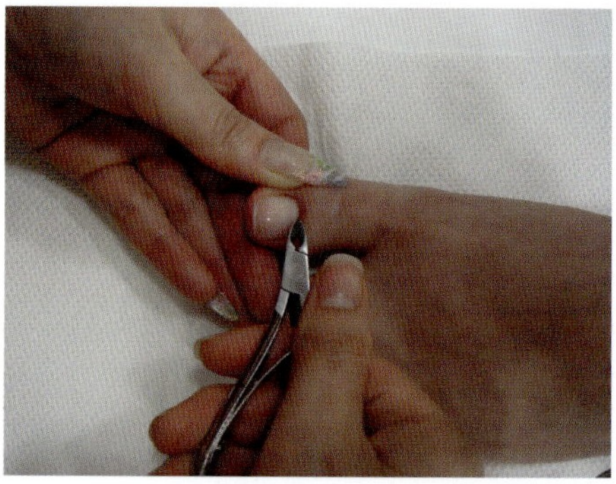

[그림 2-86] 니퍼로 큐티클 제거

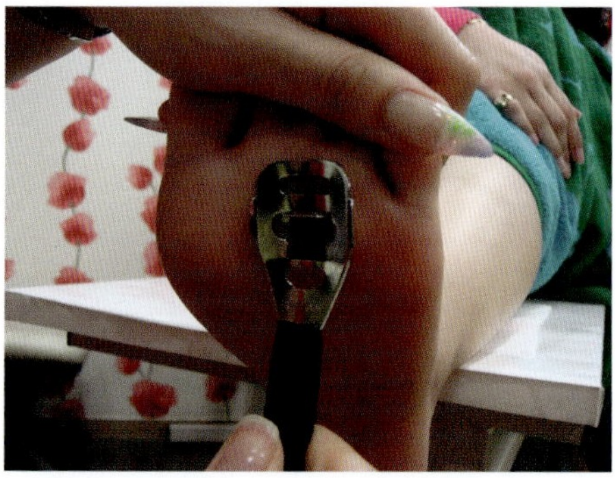

[그림 2-87] 콘커터 하기

[그림 2-88] 컬러링

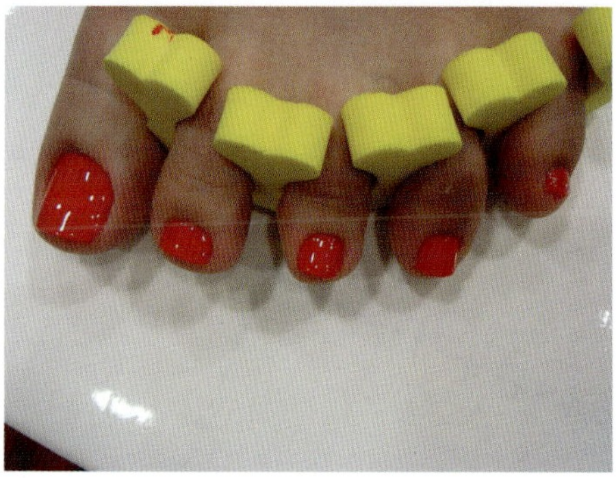

[그림 2-89] 완성

Ⅱ 실기편

5. 제모 관리(왁싱, Waxing)

제모란 신체 부위의 원하지 않는 곳의 털을 제거하는 시술을 말한다. 주로 겨드랑이 팔, 다리, 립라인, 눈썹, 비키니라인 등의 부위에 시술한다. 제모의 방법은 여러 가지가 있으나 왁스를 이용한 방법을 왁싱이라 하며, 털의 모근까지 제거되는데, 털이 다시 성장하는 기간은 2~4주 정도 소요된다.

1) 사전 준비물

스파출라, 왁스, 왁스 온열기, 무슬린 천, 스킨 소독제, 파우더, 족집게, 솜

2) 시술과정

① 왁스 데우기

왁스를 온열기에 얹어 적당한 온도로 데운다.

② 소독하기

시술자의 손을 먼저 소독한 후 제모 할 부위를 소독한다. 털이 자란 방향으로 닦는다.

③ 유분기 제거하기

왁싱할 부위에 파우더를 발라 수분과 유분을 제거한다.

④ 온도 테스트하기

허니(왁스)를 스파출라에 적당히 떠서 시술자 손목 안쪽에 온도 테스트를 한다.

⑤ 왁스 바르기

스파출라에 적당량의 왁스를 덜어 제모할 부위에 털의 성장 방향으로 45도 각도로 얇게 펴 바른다.

⑥ 무슬린 천 접착하기

떼어낼 때 필요한 여백을 남겨두고 천을 접착 시킨다.

⑦ 무슬린 천 제거하기

털의 성장 반대 방향으로 무슬린 천을 빠르게 잡아당긴다.

⑧ 진정시키기

손바닥이나 뜯어낸 무슬린 천을 반으로 접어서 지그시 누르면서 진정시킨다.

⑨ 왁스, 잔털 제거하기

소량의 오일을 솜에 묻혀 잔여분의 왁스를 제거하고, 제거되지 않은 털은 족집게를 이용하여 제거한다.

⑩ **소독하기**

왁싱된 부위를 소독제로 소독한다.

⑪ **완성**

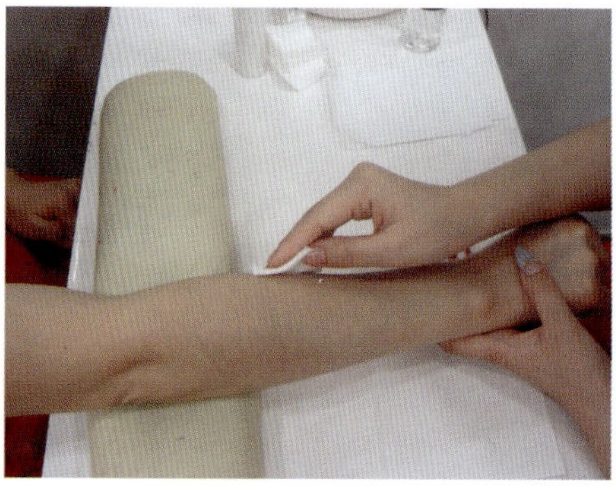

[그림 2-90] 소독하기

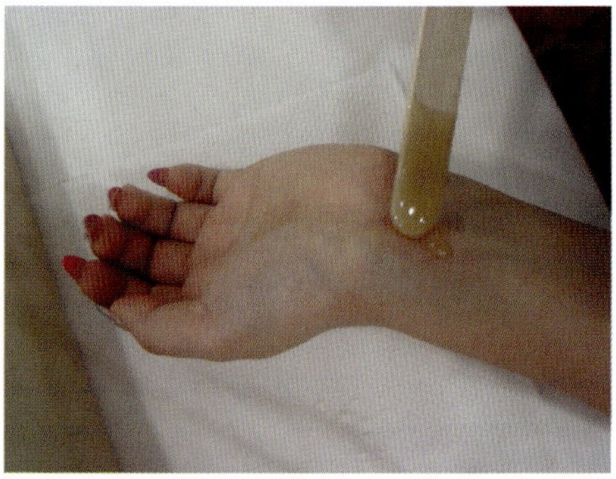

[그림 2-91] 온도 테스트

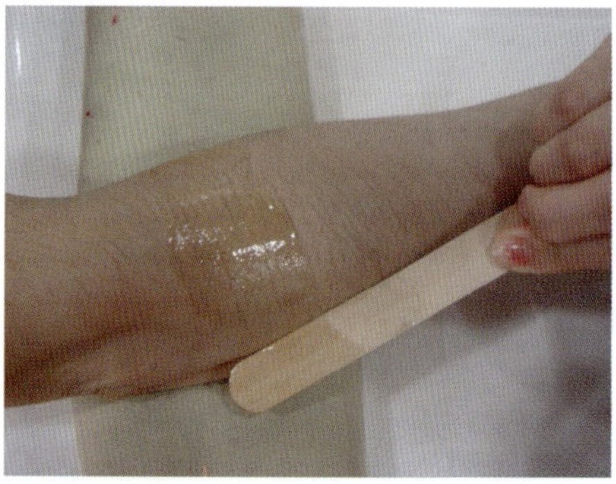

[그림 2-92] 왁스 펴 바르기

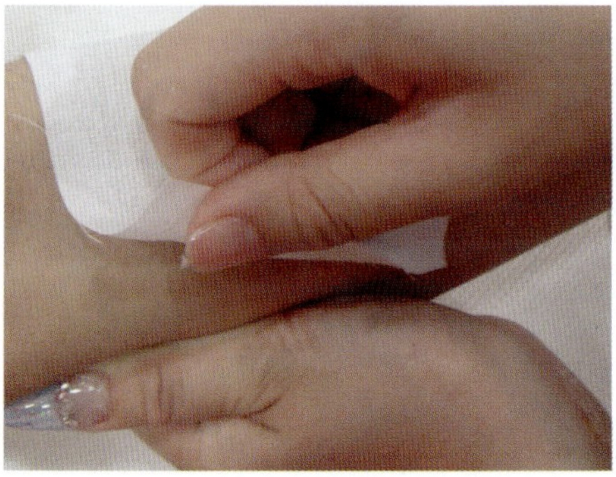

[그림 2-93] 무슬린천 접착하기

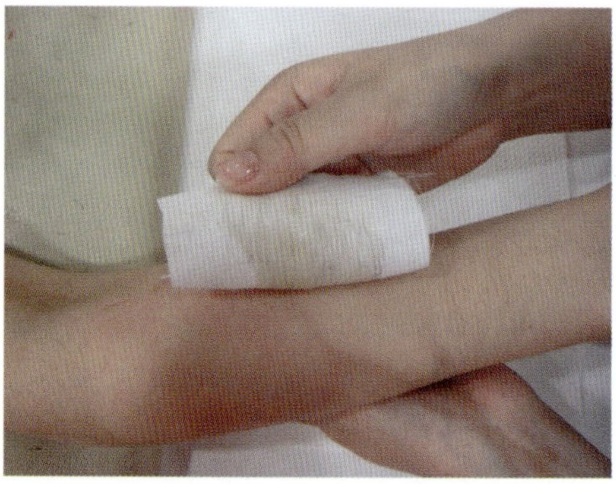

[그림 2-94] 무슬린 천 제거

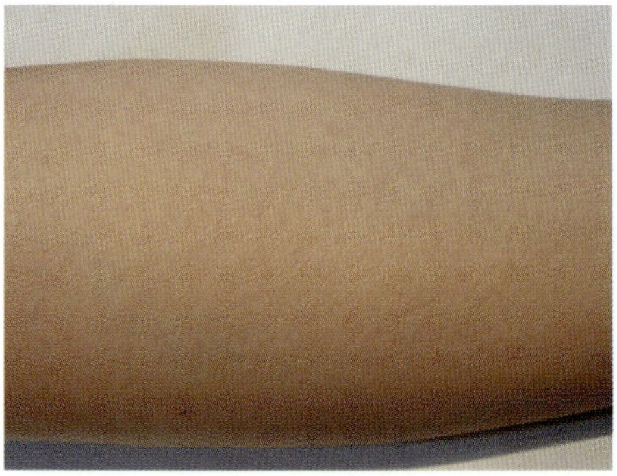

[그림 2-95] 완성

6. 파라핀 관리

파라핀 관리는 최초 시행은 노인층이나 관절염 환자들의 치료 ,슬계골 염증, 인대 염증 등의 치료를 목적으로 행해졌으나 오늘날에는 남녀노소를 막론하고 모든 사람들이 즐기고 있는 서비스이다.

파라핀은 수분 부족으로 인해 부서지고 갈라지는 손 · 발톱에 적당하며 온열 효과가 있어 피부의 모공을 열리게 하여 그속으로 영양과 보습을 공급해 주어 건조하고 거친 피부에 특히 효과적이다.

1) 사전 준비

습식 매니큐어에 필요한 준비물과 동일하며 파라핀 머신기에 파라핀을 3~4시간 정도 녹이고 비닐장갑과 온열장갑을 준비한다.

2) 시술과정

① 베이스 코트 바르기

케어 후 유분기 제거한 손톱에 베이스코트를 바른다.

② 파라핀에 손 담그기

녹인 파라핀에 3~4회 정도 손을 담근다.

③ 비닐장갑 씌우기

온열장갑을 씌우기 전 비닐장갑을 씌운다.

④ 온열장갑 씌우기

파라핀이 굳으면 손의 열을 잘 유지하기 위해서 온열장갑을 씌운다. 좀 더 나은 보습효과를 위해서 전기 장갑을 씌운다.

⑤ 비닐장갑 제거하기

10~15분 후 비닐장갑을 제거한다.파라핀 후 컬러링 시술을 원할 경우 처음의 베이스 코트를 제거 후 다시 컬러링 해 준다.

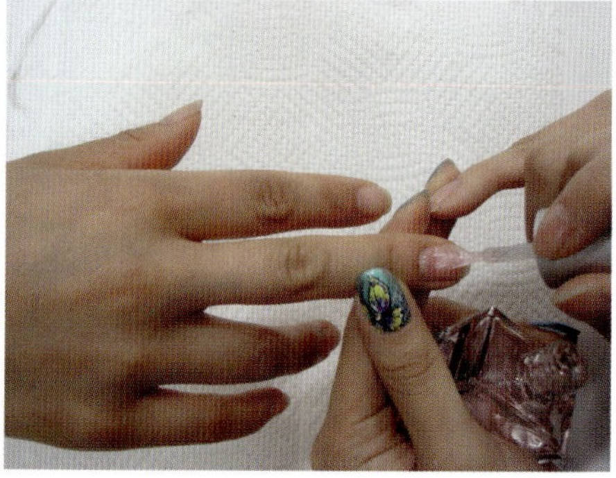

[그림 2-96] 베이스 코트 바르기

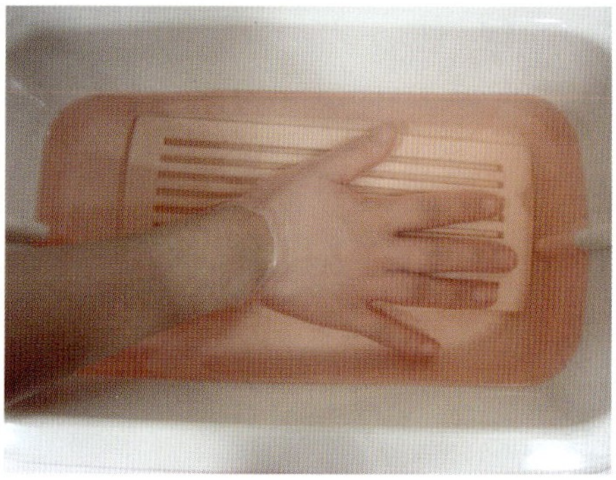

[그림 2-97] 파라핀에 손 담그기

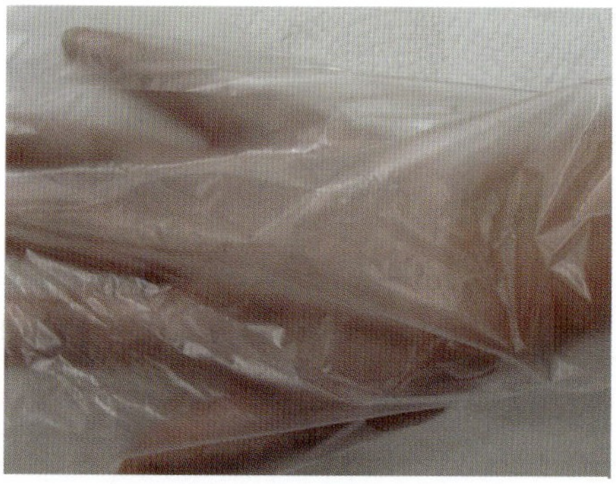

[그림 2-98] 비닐장갑 씌우기

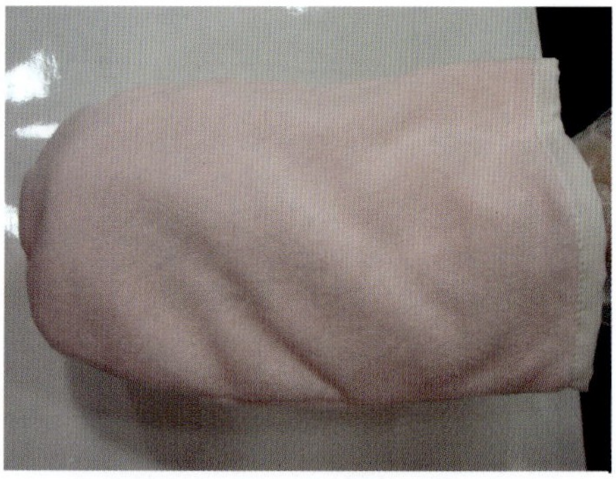

[그림 2-99] 온열장갑 씌우기

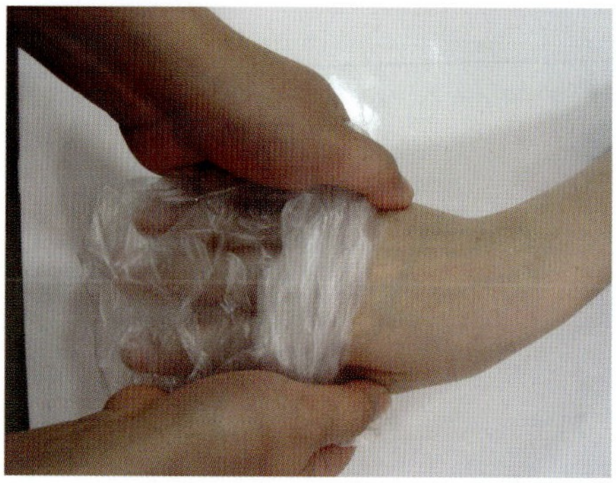

[그림 2-100] 비닐장갑 제거

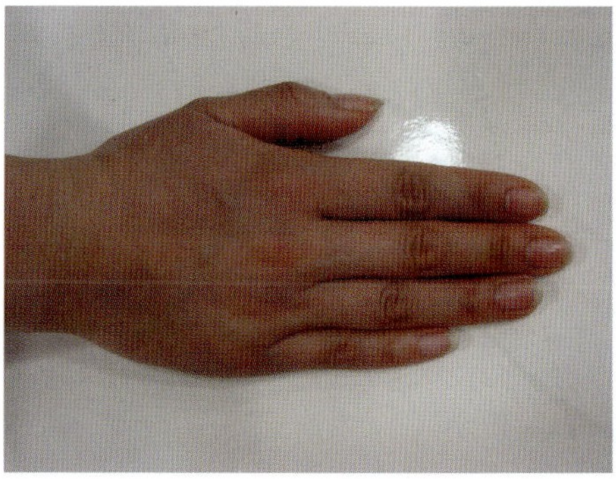

[그림 2-101] 완성

7. 네일 랩

랩이란 오버레이(Overly)와 리페어(Repair) 두 가지 의미로 사용되고 있다.

- 오버레이(Overly) : 씌우다, 붙이다, 겉씌우개 등의 의미로 네일 팁 시술 후 랩을 씌워 팁 시술의 강도를 높게 만들어 준다.
- 리페어(Repair) : 수선하다, 수리하다, 복구 등의 의미로 손상된 자연 네일 위에 랩을 씌워 수선 치료하는 경우이다.
- 패브릭 랩(Fabric Wrap) : 천을 소재로 한다.
- 실크(Silk) : 명주 소재의 천으로 가볍고 얇으며, 투명해 가장 많이 쓰인다.
- 린넨(Linen) : 굵은 소재의 천으로 짜여 있어 강하고 오래 유지되지만, 천의 조직이 그대로 보이기 때문에 시술 후 컬러링을 해야 한다.
- 파이버글래스(Fiberglass) : 광섬유, 유리섬유라 하며 글루가 잘 스며들며 자연스러워 보이고 견고하다. 단 조직의 짜임새가 듬성듬성해 초보자가 시술 할 경우 어려울 수도 있다.
- 페이퍼 랩(Paper Wrap) : 얇은 종이 소재로 아세톤과 넌 아세톤에 약하기 때문에 주로 임시로 사용한다.

1) 사전 준비물

글루 드라이, 젤 글루, 필러파우더, 3-way(광택용), 실크, 샌딩 파일, 파일(180그릿), 오렌지우드스틱, 타월, 실크 가위, 클리퍼, 글루, 더스트 브러쉬, 큐티클 오일, 안티셉틱, 메탈 푸셔, 프리 프라이머

2) 시술과정

① 손 소독하기

시술 전 시술자 및 모델의 손을 소독하고 쉐입을 잡는다.

② 에칭주기

메탈 푸셔나 오렌지 우드 스틱으로 큐티클 부분의 루즈 스킨을 밀어올리고 에칭을 준다.

③ 실크 천 조각 붙이기

찢어진 부분에 실크 조각을 오려 붙인다.

④ 실크 고정하기

글루를 이용하여 실크를 손톱위에 고정시킨다.

⑤ **건조하기**

전체적으로 필러파우더를 골고루 뿌리고 글루를 발라준 후 엑티베이터를 사용하여 건조시킨다.

⑥ **파일링 하기**

표면이 마른 후 파일을 이용하여 네일의 모양 및 표면을 파일링 해준다.

⑦ **표면 코팅하기**

글루와 젤글루를 이용하여 표면을 코팅해준다.

⑧ **마무리**

표면을 샌딩 처리하고, 3-way로 표면을 광택내고 오일로 마무리 한다.

⑨ **완성**

[그림 2-102] 에칭 주기

[그림 2-103] 실크 천 조각 붙이기

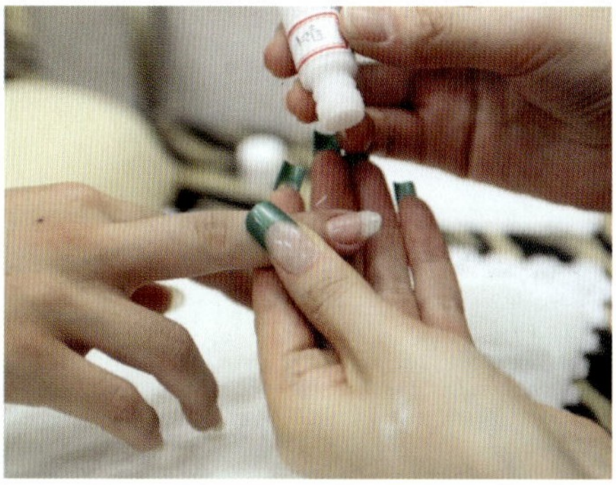

[그림 2-104] 필러 파우더 뿌리기

[그림 2-105] 표면 코팅하기

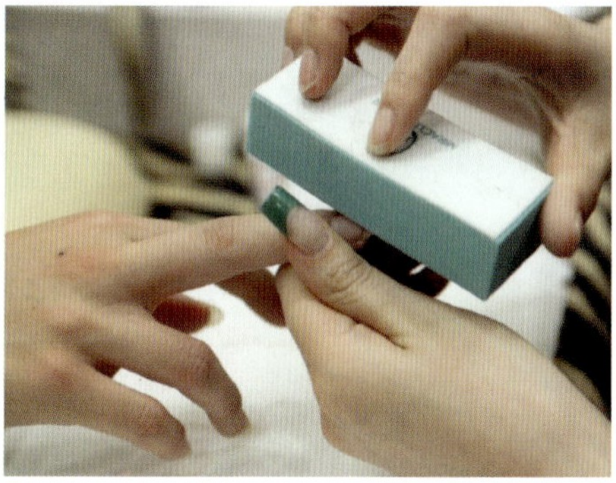

[그림 2-106] 마무리

[그림 2-107] 완성

8. 팁 위드 실크

팁 위드 실크는 팁 시술 위에 실크를 한번 더 올려 줌으로서 팁만으로 약할 수밖에 없는 인조 손톱을 보강하는 기능을 더한다.

1) 사전 준비물

네츄럴 팁, 글루드라이, 젤글루, 필러 파우더, 3-way(광택용), 실크, 샌딩파일, 파일(180 그릿), 오렌지 우드 스틱, 타월, 실크 가위, 클리퍼, 글루, 더스트 브러쉬, 큐티클 오일, 안티셉틱, 프라이머, 메탈 푸셔, 프리프라이머

2) 시술과정

① 손 소독 → 에나멜 제거 → 큐티클 밀기 → 에칭 주기 → 프리 프라이머 바르기

② 팁 선택 및 부착

자연 네일의 사이즈에 맞는 팁을 선택하여, 팁과 손톱사이에 공기가 들어가지 않도록 팁을 붙힌다.

③ 원하는 길이보다 조금 넉넉하게 길이로 커터 한다.

④ 턱 갈기

180그릿의 파일을 이용하여 자연 네일이 손상되지 않게 팁 턱을 갈아준다.

⑤ 실크 재단

스트레스 포인트를 덮을 수 있게 적당한 크기로 실크를 재단하고, 큐티클 라인을 0.15mm정도 띄워서 붙여준다.

⑥ 글루 도포하기

부착한 실크위에 글루를 도포하고 실크가 밀착할 수있도록 잡아 당겨준다.

⑦ 파일링 및 샌딩

180그릿 파일을 이용하여 길이와 옆선을 정리하고 샌딩을 한다.

⑧ 샌딩하기

젤글루를 사용하여 표면의 강도를 주고 샌딩을 한다.

⑨ 마무리

3-way로 광택을 내고 오일로 마무리 한다.

⑩ 완성

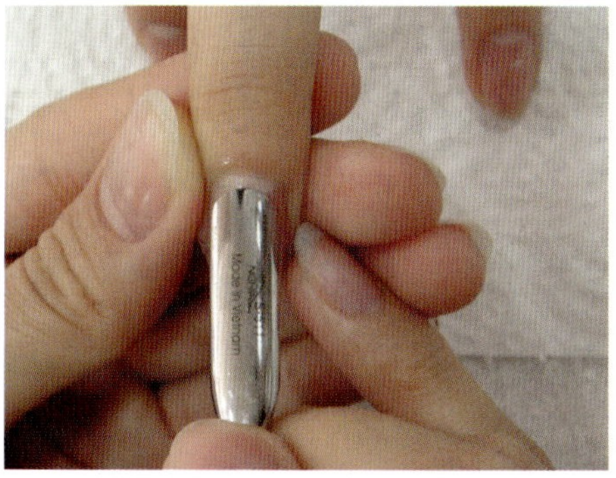

[그림 2-108] 큐티클 밀기

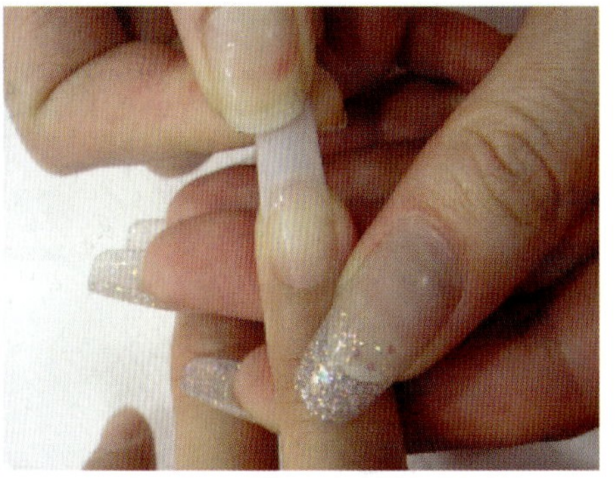

[그림 2-109] 팁 붙이기

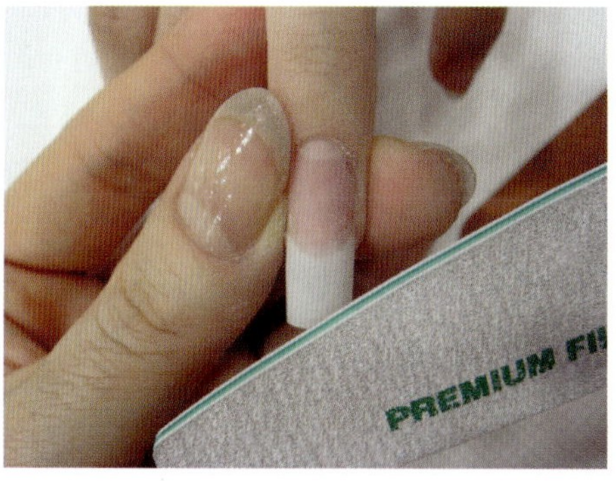

[그림 2-110] 턱 갈기

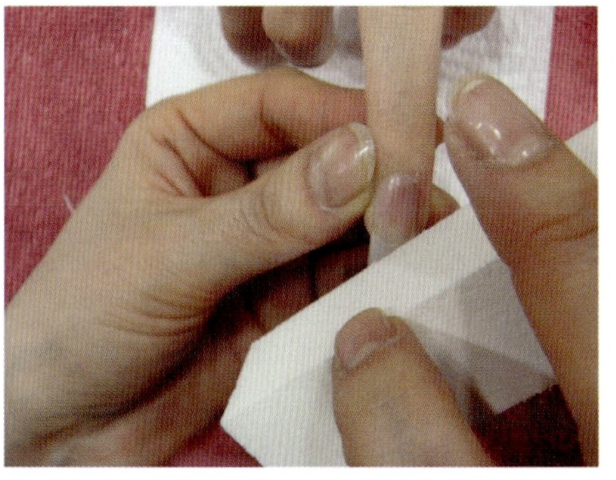

[그림 2-111] 파일링 및 샌딩

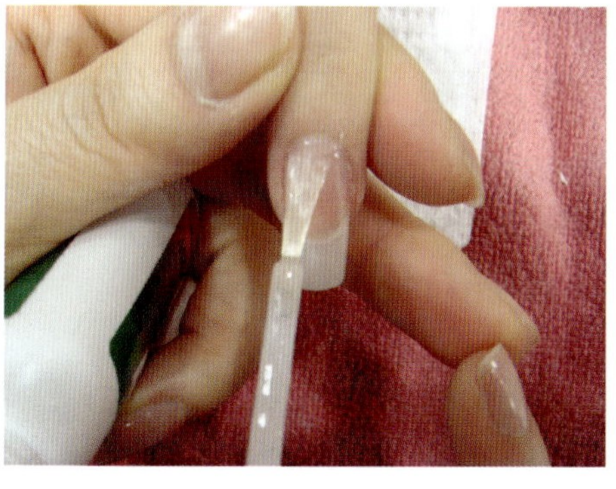

[그림 2-112] 젤글루

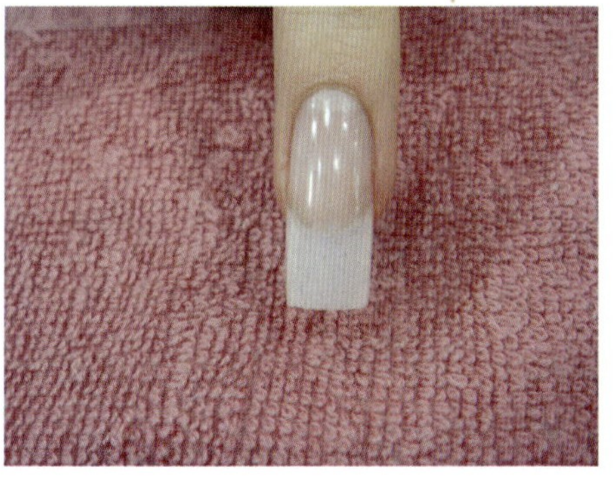

[그림 2-113] 완성

9. 실크 익스텐션

자연 네일에 랩을 접착하여 그 위에 글루와 필러 파우더를 이용하여 길이를 연장하는 테크닉이다. 손톱모양의 자연스러운 곡선과 바디가 긴 손일 경우 더욱 자연스러우며 시술이 용이하다. 약한 손톱을 보강하여 강하게 만들며, 투명하고 가벼운 것이 특징이다.

1) 사전 준비물

글루 드라이, 젤 글루, 필러 파우더, 3-way(광택용), 실크, 샌딩, 파일(180그릿), 오렌지우드스틱, 타월, 실크 가위, 클리퍼, 글루, 더스트 브러쉬, 큐티클 오일, 안티셉틱, 프라이머, 메탈 푸셔, 프리 프라이머

2) 시술과정

① 상호 손 소독 → 에나멜 제거 → 큐티클 밀기 → 쉐입 잡기 → 에칭 주기 → 프리 프라이머 바르기

② 실크 재단

큐티클 라인 0.15mm 간격을 두고 사다리꼴 모양으로 실크를 재단한다.

③ 접착 시키기

네일에 글루를 발라 접착 시키고 랩이 뒤틀리거나 울지 않도록 아래로 살짝 잡아 당겨준다.

④ 프리엣지 만들기

프리 엣지 부분에 글루와 필러로 약간의 두께를 주면서글루 드라이로 살짝 굳혀 모양을 만들어 준다. 클리퍼로 길이를 잘라준다.

⑤ 핀칭 잡기

C커버 모양을 잡아주기 위하여 핀칭을 잡아준다.

⑥ ④~⑤번 과정을 반복하여 C커버 안쪽에도 글루를 발라준다.

⑦ 쉐입 및 파일링

파일을 이용하여 쉐입을 잡고 표면을 매끄럽게 파일링 한다.

⑧ 샌딩 처리 하기

⑨ 글루 → 젤 글루

파일링된 네일의 표면에 투명도와 강도를 높이기 위해 글루 코팅을 한 후 젤 글루를 발라준다.

⑩ 정리하기

표면에 샌딩으로 정리한다.

⑪ 마무리

3-way로 광택을 내고 오일로 마무리 한다.

⑫ 완성

[그림 2-114] 실크 재단

[그림 2-115] 프리 엣지 만들기

[그림 2-116] 핀칭 잡기

[그림 2-117] 글루

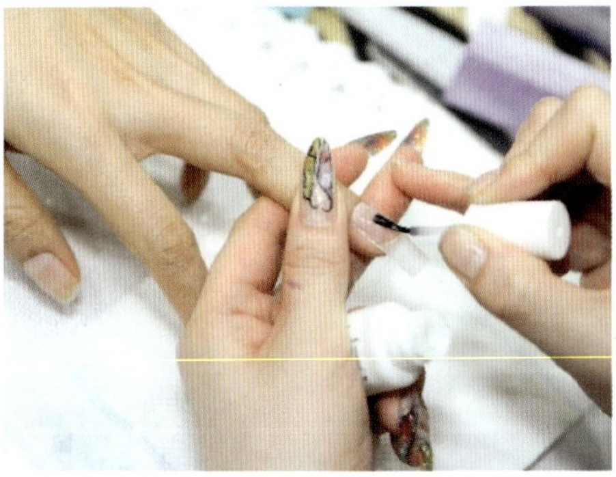

[그림 2-118] 젤글루

[그림 2-119] 완성

10. 아크릴릭 네일

아크릴릭 네일에는 인조 손톱위에 하는 아크릴릭 팁 오버레이가 있고 폼 위에 하는 스캅춰 네일이 있다. 아크릴릭 시술시 제품은 같은 회사의 제품을 사용하는 것이 효과적이다.

1) 아크릴릭 네일의 3가지 화학 성분

① 모노머(Monomer)

비교적 저분자 화합물의 단분자로서 중합체의 출발 물질이며 액체 아크릴릭 제품의 하나이다(단량체).

② 폴리머(Polymer)

구슬들이 긴 체인 모양의 형태로 연결되어 구성되어 있으며 매우 단단한 물질로 변한다. 완성된 아크릴릭 네일이 폴리머이다(중합체).

③ 카탈리스트(Catalyst)

이 첨가 물질은 아크릴을 빨리 굳게 해주는 작용을 한다. 우리가 흔히 사용하는 분말 형태의 아크릴릭은 분말로 걸러 만든 폴리머와 카탈리스트이다(촉매제).

2) 브러쉬의 활용

① 브러쉬의 앞 부분(Tip)

가장 예민하고 중요한 부분으로 스마일 라인, 큐티클 라인을 만들 때, 섬세하고 미세한 디자인을 할 때 사용한다.

② 배 부분(Belly)

전체적으로 균형을 맞추거나 부드럽게 쓸어내릴 때, 제품을 움직일 때 사용한다.

③ 브러쉬 끝부분(Back)

볼을 펴줄 때나 힘을 주어 길이조절 할 때 사용한다. 사용 후 보관시 이 부분에 이물질을 완전히 제거 해야지 브러쉬의 갈라짐 현상을 막을 수 있다.

3) 원톤 스캅춰

아크릴릭(Acrylic) 네일은 액체 아크릴릭과 파우더 아크릴릭의 혼합으로 만들어진 것 이다. 이 두물질의 적절한 혼합으로 손톱의 두께를 조절할 수 있으며 매우 단단한 인조 네일이 된다.

(1) 사전 준비물

안티셉틱, 솜, 에나멜 리무버, 메탈 푸셔, 파일, 디스크 패드, 아크릴 브러쉬, 프라이머, 브러쉬 클리너, 3-way, 아크릴 리퀴드, 샌딩 파일, 더스트브러쉬, 핑크 파우더(클리어 파우더), 디펜디쉬, 종이 폼, 타월, 페이퍼타월

(2) 시술과정

① 상호 손소독 → 에나멜 제거하기 → 큐티클 밀기 → 쉐입 잡기 → 에칭

② 프라이머 바르기

프라이머를 피부에 묻지 않도록 소량 바른다.

③ 폼 끼우기

자연 네일과 폼 사이가 뜨지 않게 밀착시켜 폼을 끼운다(네일의 모양과 폼의 라인의 모양이 맞지 않을 때는 재단하여 끼운다).

④ 볼 올리기

제품의 성질을 잘 파악하고 리퀴드와 파우더량을 믹스하여 버블이 들어가지 않게 주의하여 볼을 떠서 연장한다(프리 엣지 → 네일 중간 부분 → 큐티클라인 순서로 올려서 만들어 준다).

⑤ 적당히 마른 후 핀칭을 준다.

⑥ 아크릴이 완전히 건조된 후 폼을 떼어낸다.

⑦ 손톱 모양잡기 → 표면정리

100 그릿으로 모양을 잡아주고 150 그릿, 180 그릿으로 표면을 정리해 준다.

⑧ 마무리

샌딩으로 표면을 매끄럽게 해준 후 3-way로 광택을낸 다음 오일로 마무리 한다.

⑨ 완성

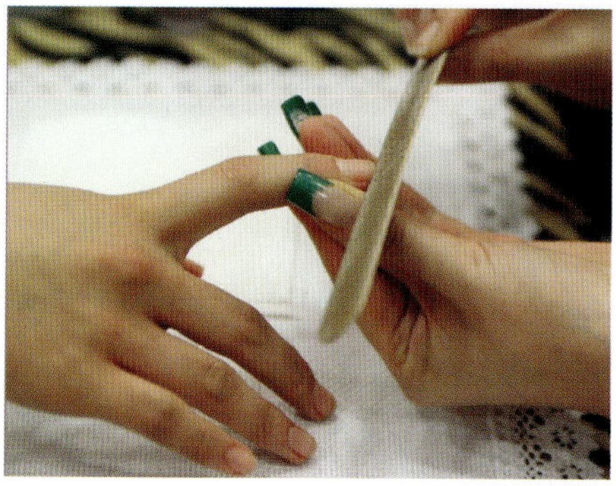

[그림 2-120] 쉐입 잡기

[그림 2-121] 프라이머 바르기

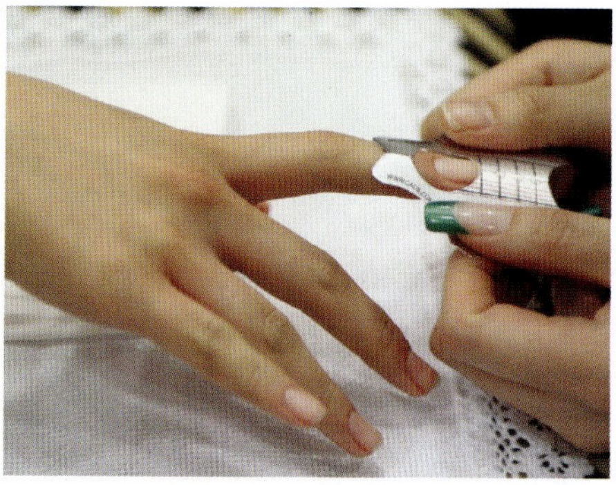

[그림 2-122] 폼 끼우기

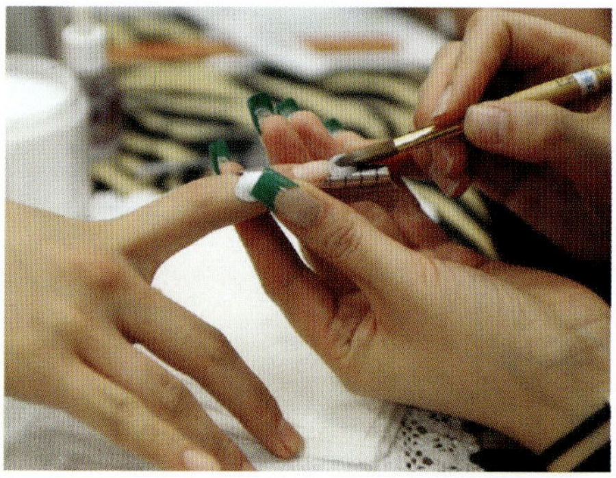

[그림 2-123] 볼 올리기

[그림 2-124] 마무리

[그림 2-125] 완성

4) 아크릴릭 네추럴 팁 오버레이

(1) 사전 준비물

네추럴 팁, 아크릴 브러쉬, 프라이머, 브러쉬 클리너, 3-way, 아크릴 리퀴드, 샌딩 파일, 더스트 브러쉬, 핑크 파우더(클리어 파우더), 디펜디쉬, 타월, 페이퍼 타월, 파일, 글루, 솜, 안티셉틱, 메탈 푸셔, 디스크 패드, 팁 커터기, 클리퍼

(2) 시술과정

① 상호 손 소독 → 에나멜 제거 → 큐티클 밀기 → 쉐입 잡기

② 자연 네일 에칭

제품의 밀착력을 높이고, 유분기 제거에 도움을 준다.

③ 프리 프라이머

자연 네일의 유수분을 제거하고, PH발란스를 맞춰주는 프리 프라이머를 바른다.

④ 팁 선택 및 부착

자연 네일의 크기보다 작지 않는 것을 선택하며, 알맞은 크기의 팁이 없다면 조금 큰 것을 선택하여 글루로 부착한다.

⑤ 팁 커터하기

원하는 길이보다 조금 길게 자른다.

⑥ 팁 턱 갈기

180G 파일로 턱을 매끄럽게 갈아낸다. 심하게 갈아서 자연네일을 손상시키지 않도록 주의한다.

⑦ 프라이머 바르기

아크릴 제품이 네일 표면에 잘 접착 되도록 도움을 준다. 피부에 묻지 않게 소량을 바른다.

⑧ 아크릴 볼 올리기

⑨ 표면 파일링

⑩ 마무리

샌딩으로 표면을 매끄럽게 해준 후 3-way로 광택을 낸 다음 오일로 마무리 한다.

⑪ 완성

[그림 2-126] 자연 네일 에칭

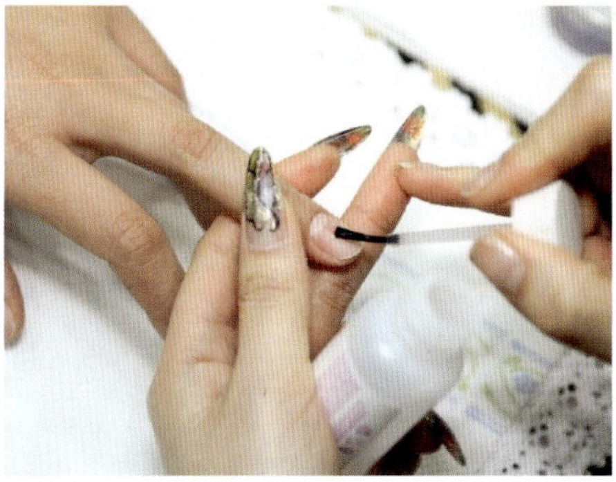

[그림 2-127] 프리프라이머

[그림 2-128] 팁 선택 및 부착

[그림 2-129] 팁 턱 갈기

[그림 2-130] 아크릴 볼 올리기

[그림 2-131] 완성

5) 아크릴릭 프렌치 스캅춰

화이트 파우더를 사용하여 길이를 연장하는 시술 방법이며, 스마일 라인 모양이 중요하다.

(1) 사전 준비물

아크릴 브러쉬, 프라이머, 브러쉬 클리너, 3-way, 아크릴 리퀴드, 샌딩 파일, 더스트 브러쉬, 핑크 파우더(클리어 파우더), 화이트 파우더, 디펜디쉬, 타월, 페이퍼 타월, 아크릴 폼, 안티셉틱, 솜, 메탈 푸셔, 파일

(2) 시술과정

① 상호 손 소독 → 에나멜 제거 → 큐티클 밀기 → 쉐입 잡기

② 피부에 묻지 않도록 소량의 프라이머를 바른다.

③ 폼 끼우기

자연 네일의 프리 엣지 모양에 맞게 폼지를 재단하여 손톱 밑에 밀착되도록 끼운다.

④ 프리 엣지 만들기

화이트 파우더를 이용하여 프리 엣지 부분을 올려준다.

⑤ 스마일 라인 만들기 → 핑크 파우더 올리기

좀 더 신경써 길이와 선명한 스마일 라인과 꼬리를 만들어주고 난후 핑크 파우더로 스마일 라인을 덮어준다.

⑥ 클리어 파우더 올리기

클리어 파우더로 네일 베드를 덮어준다.

⑦ 핀칭 하기

적당히 마른 후 핀칭을 준다.

⑧ 파일링 하기

쉐입을 잡은 후 전체적인 발란스를 맞춰 파일링 해준다.

⑨ 샌딩 버퍼로 표면을 매끄럽게 정리 해준다.

⑩ 마무리

3-way로 광택을 낸 후 오일로 마무리 해준다.

⑪ 완성

[그림2-132] 쉐입 잡기

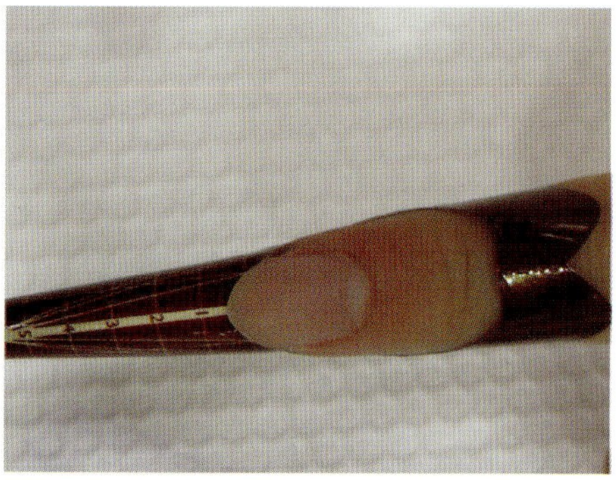

[그림2-133] 폼 끼우기

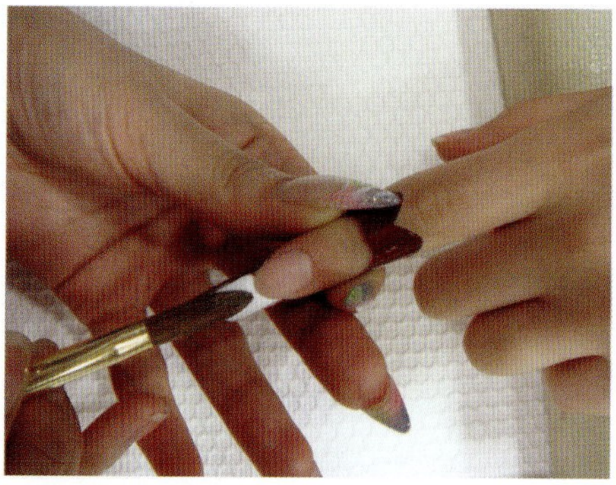

[그림2-134] 프리 엣지 만들기

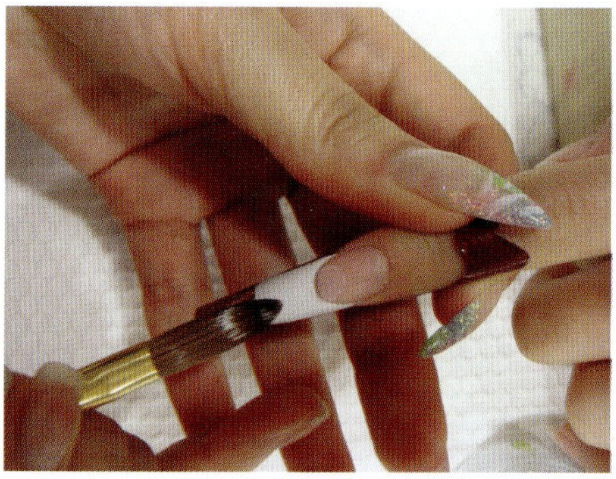

[그림 2-135] 클리어 파우더 올리기

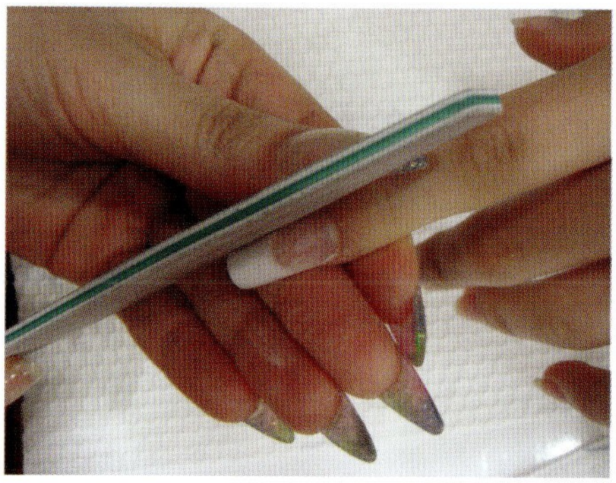

[그림 2-136] 파일링 하기

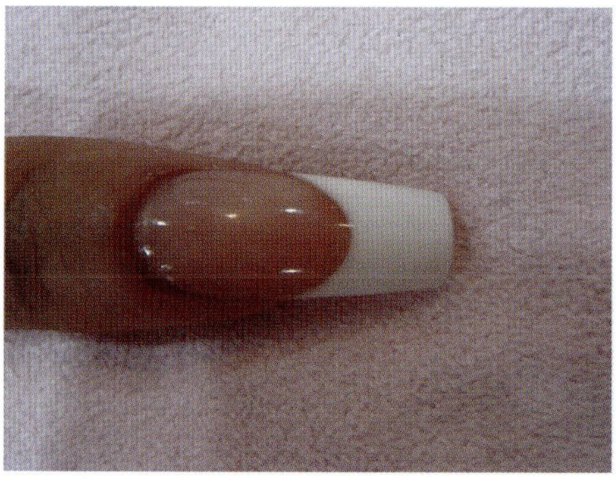

[그림 2-137] 완성

11. 젤

젤은 아크릴릭 원료에서 떨어져 나와 젤의 고유 성질을 가진다. 따라서 화학 구성은 조금 다르지만 응고를 도와주는 별도의 카탈리스트가 필요하며 화학적으로 변형을 시켜 라이트 큐어(Light Cured)방법으로 만들어진다.

젤은 냄새가 전혀 없고 인조 네일 보다 가볍고 컨트롤하기기 쉬운 장점이 있다. 고루 펴 바르면 파일링을 할 필요가 없으며 투명도가 좋아 쉽게 고광택을 낼 수가 있다.

그러나 젤은 U · V라는 높은 에너지원으로 반응시키는 방법 때문에 속 오프가 안되는 단점이 있지만 근래에는 많은 기술의 발달로 속 오프가 되는 제품들이 출시되고 있다.

1) 젤 원톤 스캅춰

(1) 사전 준비물

U · V 라이트 램프, 종이 폼, 젤 클리너, 샌딩 파일, 젤 브러쉬, 더스트 브러쉬, 오렌지 우드 스틱, 클리어 젤, 핑크 젤, 베이스 젤, 탑 젤, 페이퍼 타월(젤 퍼프), 안티셉틱, 솜, 메탈 푸셔, 에나멜 리무버

(2)시술과정

① 상호 손 소독 → 에나멜 제거 → 큐티클 밀기 → 쉐입 잡기 → 에칭

② 본더 바르기

소량의 본더를 바른다(큐어링 할 때 제조회사 설명서를 참고하고 시간에 맞게 큐어링 해준다).

③ 베이스 젤

핑크 젤을 네일 베드에 얇게 발라준 후 30초 큐어링 한다.

④ 폼 끼우기

자연 네일에 밀착하여 폼을 끼운다.

⑤ 클리어 젤 올리기

폼지 위에 원하는 길이만큼 클리어 젤을 올려 길이를 연장해주고, 15~20초 정도 큐어링 한다.

⑥ 핀칭 주기

네일 베드에 젤을 올려 하이포인트를 만들고 30~60초 큐어링 한다. 그리고 핀칭을 준다.

⑦ 젤 제거하기

젤 클리너로 여분의 젤을 제거한다.

⑧ 파일링하기

180 그릿으로 가볍게 파일링하고, 샌딩 해준다.

⑨ 탑 젤 바르기

탑 젤을 바르고 3분 큐어링 한다.

⑩ 마무리

제품에 따라서 클린져로 닦아주고 클린 하지 않아도 되는 제품은 오일로 마무리 해준다.

⑪ 완성

[그림 1-138] 본더 바르기

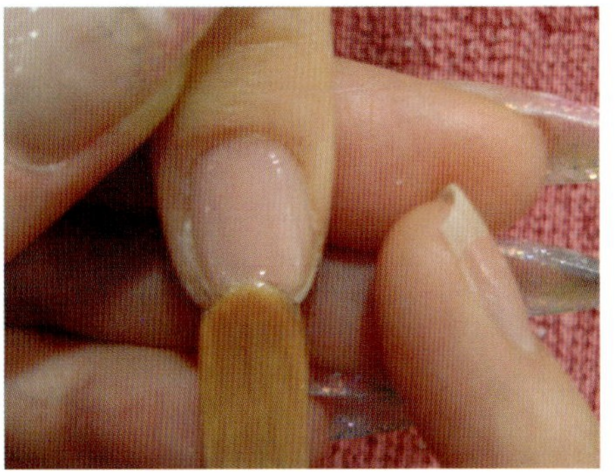

[그림 2-139] 베이스 젤

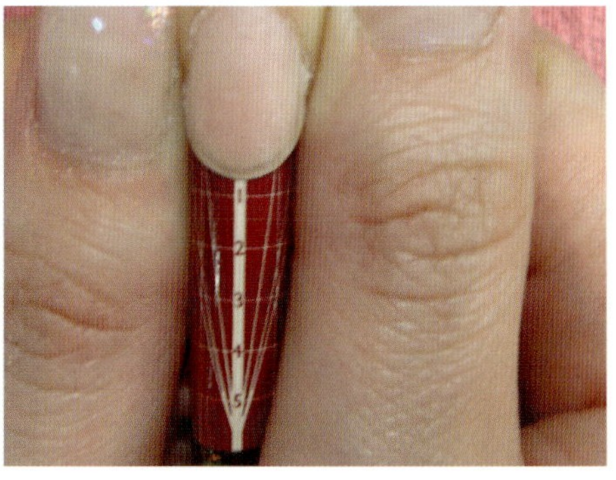

[그림 2-140] 폼 끼우기

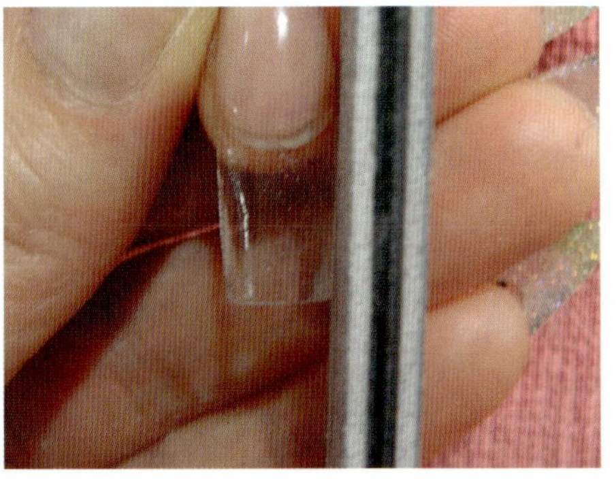

[그림 2-141] 파일링 하기

[그림 2-142] 탑 젤 바르기

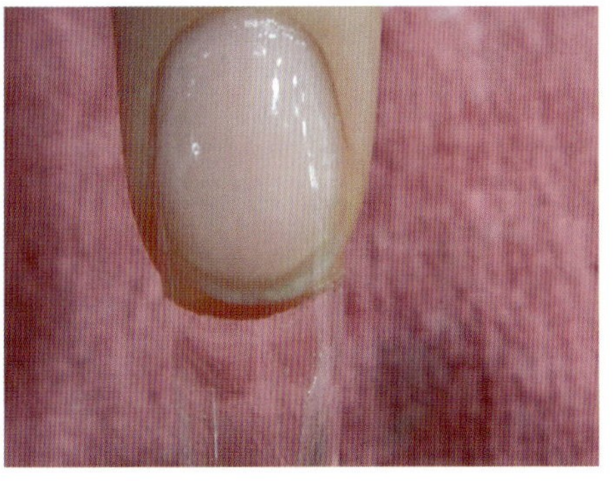

[그림 143] 완성

2) 젤 프렌치 스캅춰

(1) 사전 준비물

화이트 젤, U · V 라이트 램프, 클리어 폼, 젤 클리너, 파일, 샌딩 파일, 젤 브러쉬, 더스트 브러쉬, 오렌지 우드 스틱, 클리어 젤, 핑크 젤, 베이스 젤, 탑 젤, 페이퍼 타월(젤 퍼프), 안티셉틱, 솜, 메탈 푸셔, 에나멜 리무버

(2) 시술과정

① 상호 손 소독 → 에나멜 제거 → 큐티클 밀기 → 쉐입 잡기 → 에칭 → 젤 본더 바르기

② 핑크 젤 자연 네일에 올리기

핑크젤을 자연 네일에 얇게 펴 바르고 큐어링 한다(제조 회사에 따라 큐어링 시간은 다소 차이가 남으로 설명서 참조).

③ 클린져 → 쉐입

클린져로 닦고 더욱 선명한 스마일 라인을 위해 에머리보드로 한번 더 오벌 쉐입을 잡아준다.

④ 폼 끼우기

젤 프렌치 스캅춰시 클리어 폼을 이용한다.

⑤ 화이트 젤 올리기

1차로 스마일 라인과 프리 엣지 모양을 잡은 후 1분정도 큐어링 해주고, 2차로 한번 더 스마일 라인과 두께를잡아 2분정도 큐어링 해준다.

⑥ 클리어 젤 올리기

전체적인 발란스와 하이 포인트를 생각하면 클리어 젤을 올려주고 큐어링 해준다.

⑦ 핀칭주기

⑧ 파일링 하기

클린져로 끈적임을 닦아내고 가볍게 파일링 한다.

⑨ 큐어링 하기

탑 젤을 바르고 3분 큐어링 한다.

⑩ 마무리

제품에 따라서 클린져로 닦아주고 클린 하지 않아도 되는 제품은 오일로 마무리 해준다.

⑪ 완성

[그림 2-144] 핑크 젤 자연 네일에 올리기

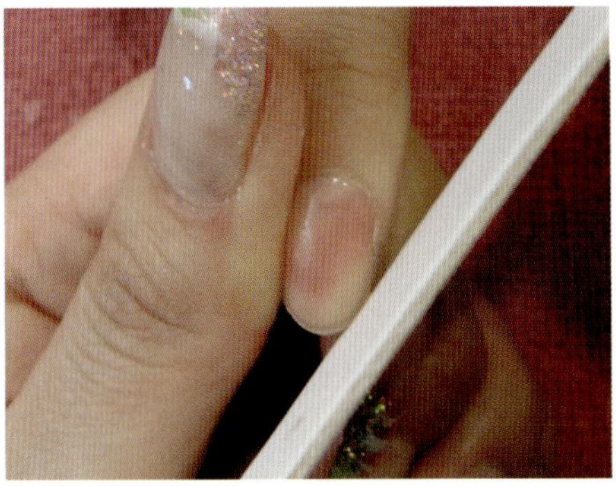

[그림 2-145] 핑크 젤 자연 네일에 올리기

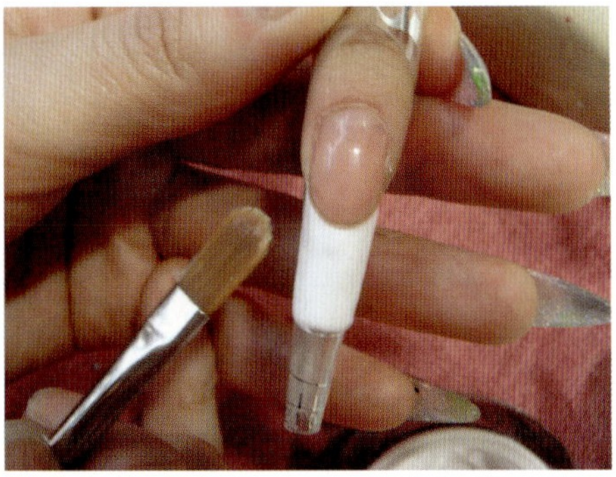

[그림 2-146] 화이트 젤 올리기

[그림 2-147] 핀칭주기

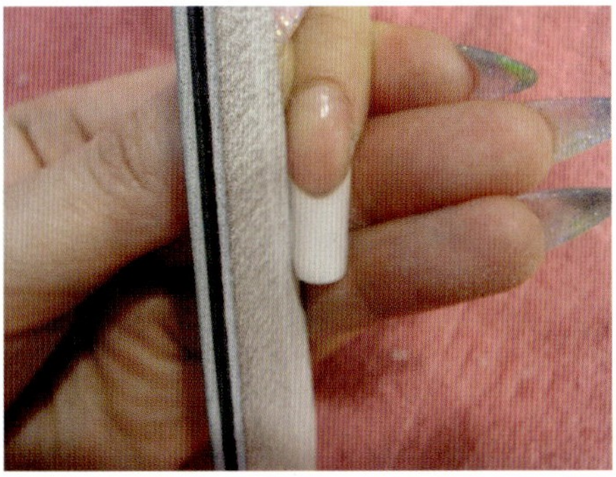

[그림 2-148] 파일링

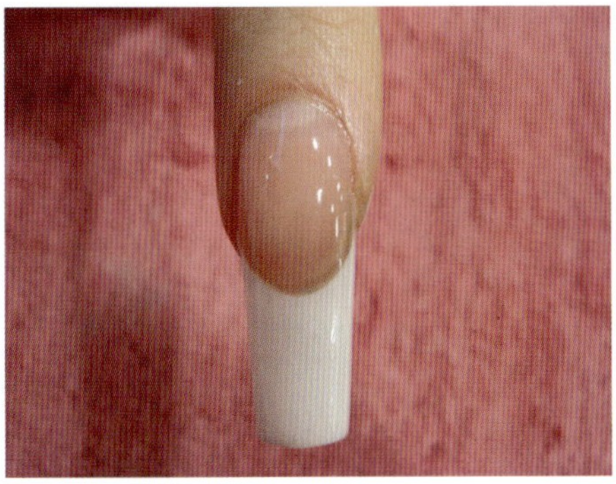

[그림 2-149] 완성

12. 보수 및 제거

인조 네일은 시간이 지남에 따라 자연 네일이 자라 나오게 됨으로 매주 또는 정해진 기간에 보수작업이 이루어 져야 한다. 자연 네일 위에 시술된 인조 네일이 떨어져 나간 경우 기존의 인조 네일을 제거 후 새로운 인조 네일을 적용한다. 그렇지 않은 경우는 파손이나 자라나온 자연 네일에 Fill in 하여 자연스럽게 연결 시켜준다.

1) 제거시

① 고객과 시술자의 손을 소독한다.
② 에나멜을 제거한다.
③ 자연 네일을 제외한 인조 네일을 클리퍼로 잘라준다.
④ 고객의 손이 담길 정도 분량의 아세톤을 유리용기에 담아둔다.
⑤ 고객의 손톱 끝을 15분정도 인조 네일을 불린다.
근래에는 인조 네일을 제거하는 기구들이 보편화 되어 있기 때문에 전기를 이용한 제품을 사용하는 것도 편리하다. 아세톤의 사용량을 줄이고 활동의 불편함을 감안해 적당량의 제거제를 솜에 묻혀 네일을 감싸고 호일로 아세톤의 증발을 막아 녹이는 방법도 효과적이다.
⑥ 오렌지 우드 스틱 끝으로 불려진 인조네일을 밀어서 떼어준다. 덜 떨어진 인조네일은 다시 불려 떼어낸다.
⑦ 인조 네일이 제거되면 부드러운 버퍼로 표면을 다듬어준다.

2) Fill in

① 시술자와 고객의 손을 소독한다.
② 에나멜을 제거한다.
③ 새로 자라나온 부분의 네일과 인조손톱의 갭을 파일로 자연스럽게 갈아서 턱을 없애준다.
④ 노출된 자연 네일에 필러나 아크릴, 젤을 이용해 기존에 사용한 재료와 동일하게 채워준다.

Ⅱ 실기편

Ⅲ. 디자인편

1. 네일 아트에 필요한 색채학

1) 색의 분류

(1) 무채색(無彩色, Achromatic Color)

물체 표면색이 거의 모든 빛을 반사(약 85%)하게 되면 흰색으로 보이고, 모두 흡수하게 되면 검정색(약 3%)으로 보이게 된다. 이러한 흰색과 검정색 사이의 무수히 많은 회색을 포함하는 색기(色氣)가 없는 색을 무채색이라고 한다. 따라서 무채색의 구별은 밝고 어두운 정도의 차이로써 나타내는 것으로 명도는 있지만 색상, 채도의 속성이 없다.

(2) 유채색(有彩色, Chromatic Color)

순순한 무채색을 제외한 색감을 갖고 있는 모든 색을 말하는 것으로 즉 빨강, 주황, 노랑, 녹색, 파랑, 보라색 등과 그 중간색은 물론, 이러한 색들의 색감을 조금이라도 가지고 있으면 모두 유채색이라고 한다. 이러한 유채색은 색상, 명도, 채도의 속성을 모두 갖는다.

2) 색의 3속성

(1) 색상(色相, Hue)

색상은 태양광선을 프리즘을 통해 분광시켰을 때 무지개처럼 나타나는 여러 색의 종류이다. 물리학적으로 빛의 파장에 따라 구분된 색의 영역을 의미한다.

우리는 스펙트럼에 구분된 색을 빨강, 주황, 노랑, 초록, 파랑, 남색, 보라 등의 색상 표현으로 부르고 있지만 이 각각의 색상 사이에는 무수히 많은 색들이 존재하고 있다. 이러한 색상의 변화를 계통적으로 고리모양으로 배열한 것이 색상환(色相環, Color Circle)이다.

색상환에서 거리가 가까운 색은 색상차가 작다고 하며 유사색 또는 인근색이라고 하고, 거리가 비교적 먼 색은 색상차가 크다고 하며 반대색이라고 한다. 거리가 가장 먼 정반대쪽의 색은 서로 보색(Complementary Color) 관계이다.

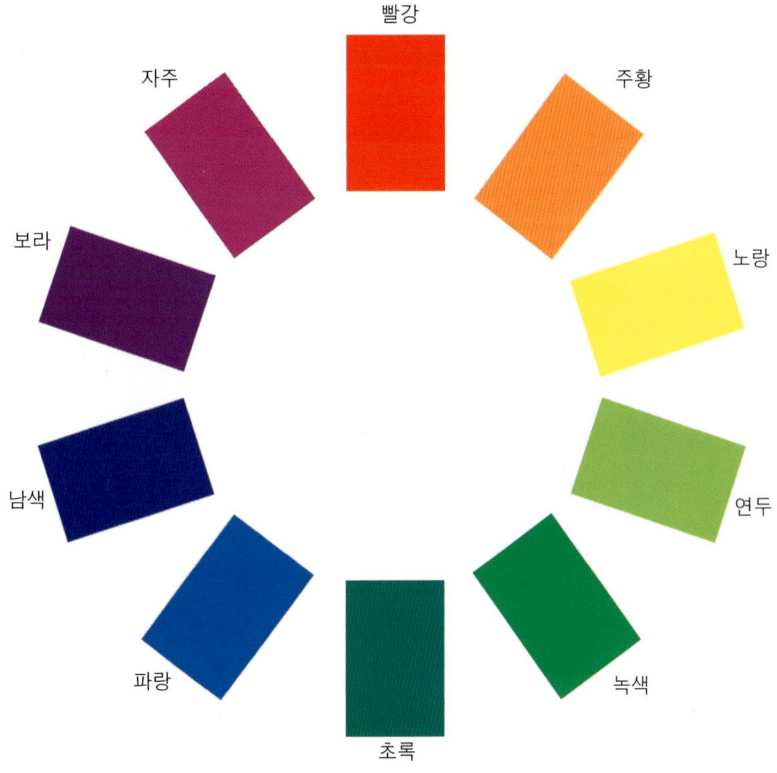

[그림 3-1] 색상

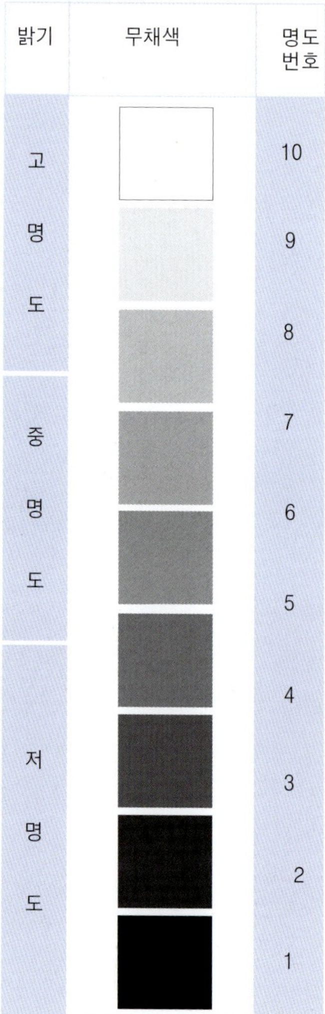

[그림 3-2] 명도

(2) 명도(明渡, Value)

색의 밝고 어두운 정도, 즉 색의 명암을 명도라 하는데 유채색, 무채색 모두에게 공통으로 적용되는 성질이다. 물체색은 빛의 선택반사 외에도 반사율에 의하여 눈이 느끼는 밝기 차이가 가장 중요한 인자이다.

물체가 들어오는 모든 빛을 흡수한다면 어떤 빛도 반사하지 않아 검정색으로 보이게 되고, 반대로 들어오는 모든 빛을 반사시킨다면 모든 빛이 합쳐진 흰색으로 보이게 된다. 이러한 색의 명암의 상태, 즉 밝기의 정도를 척도화 시킨 것을 명도라고 하는데 Value 외에 Lightness, Brightness로도 표현된다.

고명도의 밝의 색은 명도가 높아 명색(Light Color)이라고 하며 백색이 가장 높다. 저명도의 어두운 색은 암색(Dark Color)이라고 하며 가장 명도가 낮은 색은 검정색이다.

중간정도의 색을 중명도 색(Middle Light Color)이라하며, 무채색의 명도는 0(검정색)~10(하얀색)까지 11단계로 나누어진다. 인간의 눈은 색의 3속성 중 명도에 대한 감각이 가장 예민하며 색상, 채도 순이다.

(3) 채도(彩度, Chroma)

채도란 색상이 '연하다', '진하다', '탁하다' 하는 등의 정도를 나타내는 말이다. 채도라는 것은 어떠한 색이 그 순색(純色)의 위치에서 점차 약해지는 정도를 말하는 것

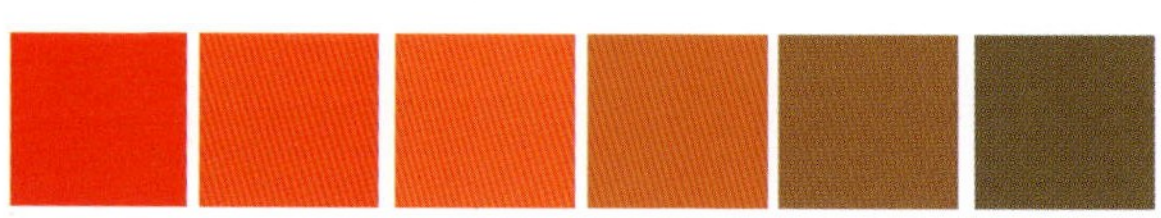

[그림 3-3] 채도

으로 본래의 순색에서 흐려지는 차도가 곧 채도이다. 다시 말하면 순색은 그 채도가 가장 높은 색인데, 여기에 백색, 흑색, 회색 등 무채색이 가하여져서 순색의 강도가 흐려져 없어지는 데까지의 정도를 채도라고 한다. 따라서 어떤 유채색의 순순한 정도를 뜻하기 때문에 순도(純度)라고도 한다.

이러한 색의 순수한 정도 즉, 색의 탁하고 선명한 강약의 정도를 나타내는 척도로서 우리말에 진한 색, 연한 색과 흐린 색, 맑은 색 등은 모두 채도의 고저를 가리키는 말이다. 채도는 Chroma 외에도 Saturation으로도 표현한다. 채도가 강하고 진한 것을 고채도라 하고, 연한 채도는 순색의 색기가 약한 것을 말하며, 이것을 저채도라 한다.

그리고 탁(濁)한 색이라는 것은 순색에 회색이 가해져서 순색의 선명도르 잃고 회색조가 되는 것을 말하는데 이것을 탁도(濁度) 또는 탁색(濁色)이라고 한다. 그리고 이러한 탁색들은 고채도와 저채도의 중간인 중채도의 것들이다.

3) 톤

(1) 톤의 특징

[그림 3-4] 비비드 톤

① 비비드 톤(Vivid Tone) : 선명한, 명쾌한, 강한

비비드 톤은 모든 톤의 기준이 되는 가장 선명한 톤으로 어떠한 톤보다도 시선이 집중된다. 흔히 말하는 원색이 바로 비비드 톤의 색상들이다. 색이 파격적이기 때문에 대담하고 자유분방한 이미지의 캐주얼 의상과 팝 스타일의 의상에 잘 어울리는 톤이다.

[그림 3-5] 스트롱 톤

② 스트롱 톤(Strong Tone) : 강한, 선명한, 적극적

스트롱 톤은 비비드 톤과 유사하나 그에 비하면 선명도가 약간 떨어지고 탁색조를 띈다. 실용적인 이미지를 불러일으키는 색으로 스포츠용이나 성인을 타겟으로 한 용품에 적합한 톤이다.

③ 페일 톤(Pale Tone) : 연한, 약한, 섬세한

페일 톤은 비비드에 약 10배의 흰색을 섞어서 만들어지는 색으로 유채색의 톤 중에서 가장 밝은 톤이다. 소위 '파스텔 톤'이라고 지칭하는 것으로 사랑스럽고 감미로운 꿈결 같은 분위기에 어울리는 색조이다. 페일톤은 유아를 상징하는 색처럼 보이지만, 주니어가 사용하면 로맨틱해 보이고, 성숙한 여성이 사용하면 우아해 보이는 특징을 가지고 있다.

[그림 3-6] 페일 톤

④ 브라이트 톤(Bright Tone) : 밝은, 깨끗한, 선명한

브라이트는 비비드에 흰색을 섞어 만드는 맑은 톤이다. 색이 밝은 만큼 이미지도 밝다. 톤 중에서 가장 깨끗하고 맑은 색조로 신선해 보이는 톤이다. 즐겁고 경쾌한 이미지로 건강한 젊은이의 패션에 적합하다.

[그림 3-7] 브라이트 톤

⑤ 그레이쉬 톤(Grayish Tone) : 흐릿한, 어두운, 칙칙한

그레이쉬 톤은 회색에 약간의 비비드 톤을 섞어서 만드는 탁한 색으로 색상의 기미를 거의 가지고 있지 않다. 겉으로 드러나는 색의 이미지는 우울하고 침울하지만 침착하고 차분한 느낌을 주는 톤이다.

[그림 3-8] 그레이쉬 톤

⑥ 라이트 톤(Light Tone) : 옅은, 가벼운, 부드러운

라이트 톤은 브라이트보다 흰색이 더 많이 섞여 더욱 밝고 온화한 톤이다. 선명하거나 화려한 맛은 없지만 가볍고 부드러운 느낌을 주며, 시원하고 상쾌한 느낌으로 언제나 편하게 즐길 수 있는 색이다.

[그림 3-9] 라이트 톤

[그림 3-10] 덜 톤

⑦ 덜 톤(Dull Tone) : 둔한, 소박한, 떫은

덜 톤은 비비드에 회색을 섞어서 만드는 색으로 '탁색'이라고 한다. 화려함과 선명함이 살짝 꺾여 버린 듯 한 색으로 비비드 톤보다 약간 연하면서 검정색과 회색이 약간 섞인 듯이 보이는 색이다.

[그림 3-11] 딥 톤

⑧ 딥 톤(Deep Tone) : 진한, 강한, 중후한

딥 톤은 비비드의 50분의 1의 흑색을 썩어 만들어진 맑은 색으로 자극이 강한 비비드의 명도를 낮춤으로써 침착한 느낌은 준다. 따라서 색이 묵직하고 강한 것이 특징이며, 깊은 맛이 있다.

[그림 3-12] 다크 톤

⑨ 다크 톤(Dark Tone) : 어두운, 단단한, 무거운

다크 톤은 검정이 섞여 거무스름하게 어두워진 톤으로 톤 중에서 가장 색이 어둡다. 품위 있고 안정된 분위기를 제공하는 색조이므로 신사용품의 주조색으로 많이 사용된다. 색이 주는 느낌은 딱딱하고 무거워서 어른스러움, 원숙함, 과묵을 상징한다. 여성색이라기 보다는 남성 색에 가깝고 보수적인 성격이 짙다.

4) 배색

(1) 배색 방법

두 개 이상의 색을 특별한 효과나 목적에 알맞게 배치하여 조화되도록 만드는 것으로 배색에는 4개의 기본 패턴이 고려된다. 그것은 명도차를 이용한 것, 색상차를 이용한 것, 채도차를 이용한 것, 톤 차를 이용한 것이다.

같은 색상의 색조로 명도, 채도를 달리한 톤의 일부나 전부로 배색한다. 동일색상 배색은 무난하면서 세련된 느낌을 주며 주조색 효과를 지녀 색이나 형태 등 전체적으로 통일감 있는 배색이다. 명도와 채도가 높아도 비교적 안정적이고 부드러운 느낌을 준다.	**동일색 배색** (Monochromatic)	 [그림 3-13] 동일색 배색

색상환의 연속되는 세가지 색상이나 그 색상들의 색조와 명암을 사용한 배색으로 같은 느낌의 색상을 주조색으로 하여 배색한다. 색상환에서 30° 사이의 인접 색상은 색의 차이가 크지 않아 정적이면서도 무난한 배색이다.	**유사색 배색** (Analogous)	 [그림 3-14] 유사색 배색

색상환에서 서로 대각선을 이루는 색상으로 보색대비를 통해 서로의 색이 대조를 이루어 강하고 생동감을 느끼는 배색이다. 강한 대비를 통해 명도와 채도의 차이가 크다.	**보색 배색** (Complementary)	 [그림 3-15] 보색 배색

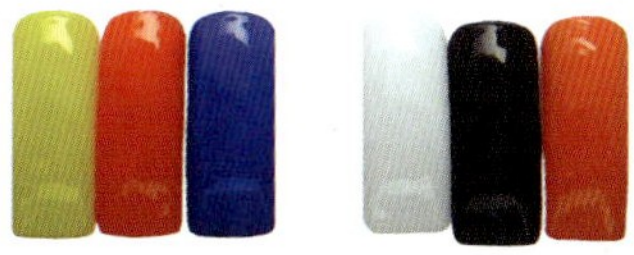 [그림 3-16] 세퍼레이션 배색	**세퍼레이션 배색** (Separation)	분리색(Separation Color)은 두색 또는 다색의 배색에서 색의 톤이 구분이 가지 않을 경우에 인접색과 색 상이에 세퍼레이션 컬러(무채색) 한 가지 색상을 삽입함으로써 조화를 이루는 배색이다.
 [그림 3-17] 그라데이션 배색	**그라데이션 배색** (Gradation)	그라데이션이란 서서히 변화하는 것으로 단계적인 명도, 채도, 색상, 톤의 배열에 따라서 시각적인 유목감을 주는 것을 그라데이션 효과라 하며 3색이상의 다색 배색에서 이와 같은 효과가 나타난 배색을 그라데이션 배색이라 한다.
 [그림 3-18] 액센트 배색	**액센트 배색** (Accent)	액센트 배색은 단조로운 배색에 대조색을 배색하여 강조하는 배색기법으로, 액센트 컬러로 주조색과 대조적인 색상 또는 톤(명도, 채도)을 사용함으로써 강조점을 부여한다. 액센트 컬러는 배색 전체의 효과를 짜임새 있게 하며 색상, 명도, 채도, 톤의 가각을 대조적으로 조화를 이루게 한다.
 [그림 3-19] 톤 온 톤 배색	**톤 온 톤 배색** (Tone On Tone)	톤 온 톤이란 '톤을 겹친다' 라는 의미로 동일색상에서 두가지 색상의 톤의 명도 차를 비교적 크게 둔 배색이다. 3색 이상의 다색을 사용하는 같은 계열의 색상의 농담배색도 톤 온 톤 배색이라고 한다. 색상은 동일색상이나 유사색상의 범위에서 선택할 수 있다.

톤 인 톤 배색은 근사한 톤의 조합에 의한 배색 기법으로, 톤과 명도의 느낌은 거의 일정하게 하면서 색상을 다르게 하는 배색을 말한다. 부드럽고 온화한 효과를 낼 수 있으며 톤과 색상차가 거의 없도록 하는 배색을 '까마이외(Camaieu) 배색' 이라 한다.	**톤 인 톤 배색** (Tone In Ton)	 [그림 3-20] 톤 인 톤 배색

레피티션은 반복 효과의 의미로 두 색 이상을 사용하여 일정한 질서를 기초로 한 조화를 부여함으로써 통일감이나 융화감을 끌어내는 배색방법이다.	**레피티션 배색** (Repetition)	 [그림 3-21] 래피티션 배색

2. 평면 디자인적인 아트

1) 조화

2개 이상의 요소 또는 부분적인 상호 관계에서 서로 미적, 감각적인 효과를 극대화하는 것을 말한다. 합리적인 조화는 요소 상호 간에 공통성이 있음과 동시에 무엇인가의 차이가 있을 때에 얻어지는 것이 보통이다.

[그림 3-22] 유사 조화

(1) 유사 조화

같은 성격의 요소들의 조합들로 이루어진 것으로 각요소가 동일하지 않아도 서로 닮은 형태나 모양, 종류, 의미, 기능끼리 조화를 이루는 것을 말한다.

[그림 3-23] 대비 조화

(2) 대비 조화

서로 다른 요소들의 결합을 말하며 서로가 다른 것을 강조하면서 조화를 이루는 것을 말한다. 개성적이며, 설득력이 풍부하고 대비가 클수록 서로의 성격이 뚜렷해진다.

2) 균형

두 개 이상의 요소 사이에서 부분과 부분 또는 전체 사이에 시각상의 힘이 안정되어 있으며 보는 사람에게 안정감을 준다. 시각적인 균형은 모양, 명도, 질감, 색채의 균형으로 구분해 생각해 볼 수 있다.

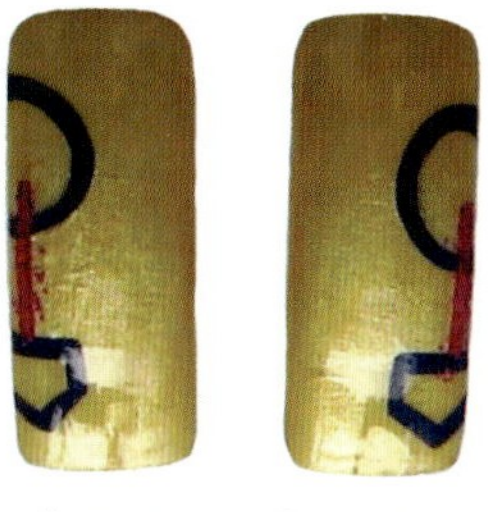

[그림 3-24] 대칭

(1) 대칭

가장 안정적이며 통일감을 얻기 쉬우나 엄격하고 딱딱한 느낌을 준다.

(2) 비대칭

형태상으로 불균형이지만 시각상의 정돈에 의해 균형 잡힌 것으로 보이며 개성을 느끼게 한다.

[그림 3-25] 비대칭

(3) 리듬

조형 작품에서 리듬은 반복된 형태나 구조, 선의 연속과 단절에 의한 간격의 변화로 일어나는 시선 의 시각적 운동을 말한다.

[그림 3-26] 리듬

(4) 강조

강조는 특정 부분에 중점 또는 변화의 효과를 주어 시각적으로 두드러짐을 나타내는 것이다.

[그림 3-27] 강조

(5) 통일과 변화

통일과 변화란 대상의 부분과 전체, 부분과 부분 사이에 질서를 주는 형식으로 모든 디자인에 적용되는 원리이다. 통일감은 주제, 모양, 무늬, 크기를 반복하는 것은 물론 색채, 질감, 재료에서 조화를 이루도록 함으로써 기본적인 통일을 성취할 수 있다.

[그림 3-28] 통일과 변화

Ⅲ 디자인편

3. 기법에 따른 네일아트

1) 포크아트

아크릴 물감을 이용해 손톱위에 직접 디자인 하는 평면아트이다. 다른 재료들과 함께 사용해도 좋으며 풍경이나 꽃, 캐릭터 등 여러 가지 표현이 가능하다. 원래 포크아트 기법은 낡고 오래된 가구를 리폼하여 장식하는 공예이지만 짧은 시간에 간단하게 네일 위에 표현할 수 있는 장점으로 하나의 네일아트 기법으로 자리 잡기 시작 했다. 악세서리 휴대폰줄 등의 장식품을 만들어 네일 샵에서 부수입을 올리기도 한다.

(1) 준비물

아크릴 물감, 물통, 파레트, 브러쉬, 파레트, 탑 코트, 팁, 팁 스텐드, 키친타올

(2) 시술과정

① 샌딩처리를 한다.
 물감의 발림성을 위하여 샌딩을 해준다.
② 배경색을 깔아준다.
 디옥사이즌 퍼플, 펄화이트를 평붓을 이용하여 사이드로딩으로 레이스를 그려준다(사이드로딩은 물감을 붓의 절반이나 1/3 정도 묻혀 그라데이션으로 명암을 주는 것).
③ 장미를 그려준다.
 앵글붓이나 평붓을 이용하여 장미를 그려준다.
④ 글리터나 도트를 이용하여 장식효과를 준다.
⑤ 탑코트를 바른다.
⑥ 스톤 등을 이용하여 장식효과를 준다.
⑦ 완성

[그림 3-29] 샌딩

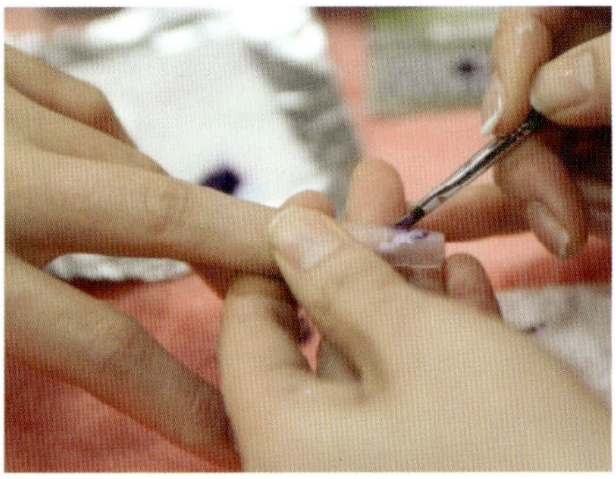

[그림 3-30] 배경색

[그림 3-31] 장미 그리기

[그림 3-32] 장식 효과

[그림 3-33] 탑코트 바르기

[그림 3-34] 완성

2) 젤 아트

젤의 경우 젤의 특성상 추상적인 무늬가 자유로우며 큐어링 하기 전에는 건조가 되지 않으므로 원하는 디자인을 연출 할 수 있다.

(1) 사전준비

U · V램프, 종이 폼, 젤 클리너, 파일, 샌딩 버퍼, 젤 브러쉬, 젤 아트 브러쉬, 더스트 브러쉬, 오렌지 우드 스틱, 클리어 젤, 핑크 젤, 베이스 젤, 탑 젤, 페이퍼타월(젤 퍼프), 컬러 젤, 안티셉틱, 에나멜 리무버, 솜, 메탈 푸셔

(2) 시술과정

① 상호 손소독 → 에나멜 지우기 → 큐티클 밀기 → 쉐입 잡기 → 에칭 → 젤 본더 바르기

② 핑크 젤 자연네일에 올리기
핑크젤을 자연 네일에 얇게 펴바르고 큐어링 한다(제조 회사에 따라 큐어링 시간은 다소 차이가 남으로 설명서 참조).

③ 폼위에 클리어젤로 연장을 하고 큐어링 한다.

④ 만들어진 플레이트 위에 여러 가지 컬러 젤을 편다.

⑤ 젤 아트 브러쉬로 무늬를 만들어 주고 큐어링 한다.

⑥ 클리어 젤로 오버레이하고 큐어링 한다.

⑦ 핀칭을 주고 클린져로 닦는다.

⑧ 쉐입을 잡고 파일링 한다.

⑨ 샌딩을 하고 탑 젤로 마무리 한다.

⑩ 완성

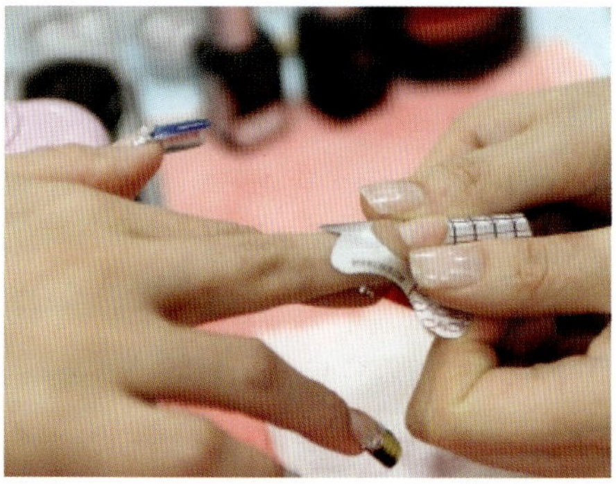

[그림 3-35] 폼 끼우기

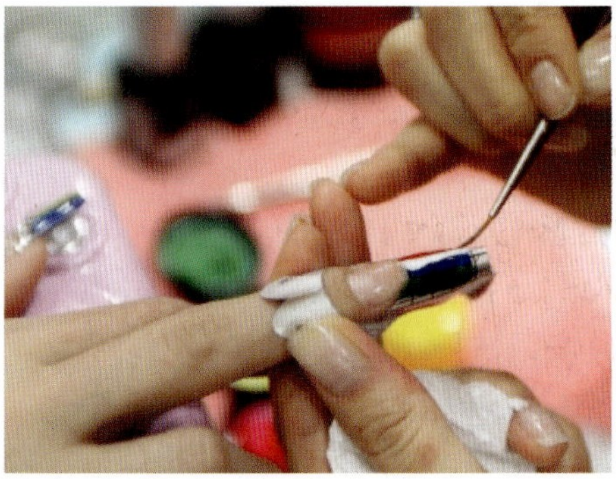

[그림 3-36] 플레이트 위에 컬러 젤 펴기

[그림 3-37] 큐어링 하기

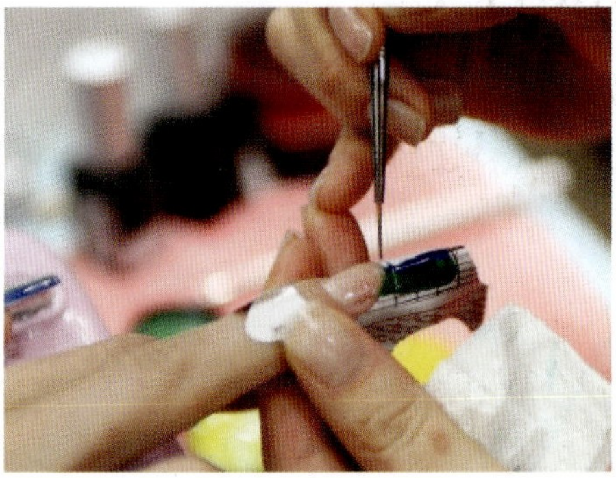

[그림 3-38] 오버레이

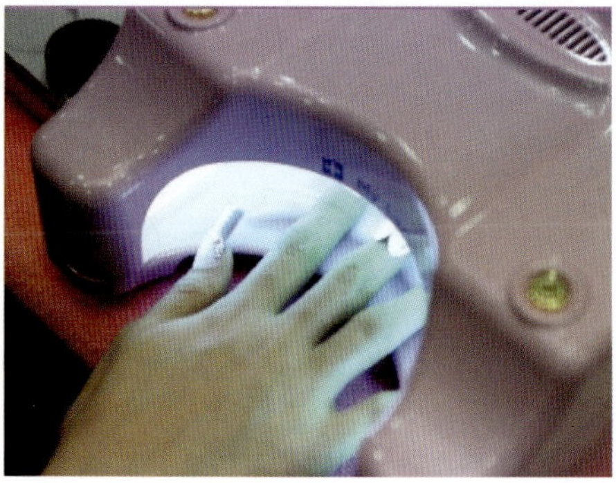

[그림 3-39] 파일링

[그림 3-40] 완성

3) 에어브러쉬

에어브러쉬는 오래 전부터 사용해오던 디자인 공법으로 압축된 에어를 이용해 노즐로 물감을 뿌려 디자인 하는 기법이다. 에어브러쉬는 물감을 칠한 것과 다르게 가벼우면서 멋스럽고 시술시간이 적게 걸리는 장점이 있다.

(1) 에어브러쉬 기구

- 컴프레셔 : 공기를 압축시켜 주는 기계이다.
- 에어브러쉬 건 : 물감을 분사시키는 기구이고 물감의 양에 따라서 바늘 굵기가 달라진다. 네일아트는 0.2mm 노즐건이 적당하다.
- 에어브러쉬 전용물감 : 파스텔, 투명, 금, 은, 펄 등 물감의 종류가 여러 가지 있지만 점도가 다 다르므로 사용하기 전 특성을 잘 파악하여 사용 하도록 한다.
- 건 홀더 : 시술도중 건을 고정하는 역할을 한다.
- 스텐실 : 일반적으로 판매되는 스텐실을 사용하는 경우가 많으며, 대회나 시험 등 자신이 표현하고자 하는 경우 스텐실을 제작하기도 한다.
- 에어브러쉬 전용 베이스코트 : 물감의 밀착력을 높여준다.
- 에어브러쉬 전용 탑코트 : 에어브러쉬 디자인을 오래 유지 시켜주고 광택을 더해준다.
- 클린포트 : 사용하고 남은 물감을 버리거나 건을 청소할 때 사용한다.
- 핑거 레스트 : 시술하고자 하는 손을 고정시킨다.

(2) 에어브러쉬 건의 설명

① 노즐(Nozzle)

물감을 방출 시키는 통로이며 충격에 약하므로 주의해서 다뤄야 한다.

② 노즐 캡(Nozzle Cap)

노즐의 테두리를 둘러싸고 있는 부분이다.

③ 니틀 캡(Niddle Cap)

바늘 끝단의 물감이 건조해 지는 것을 막아주며, 공기와 물감 분사 방향을 일정하게 잡아 주는 역할을 한다. 물감이 똑바로 나가게 잡아주는 역할을 한다.

④ 메인 레버(Main Lever)

메인레버를 누르면 공기가 나오고, 당기면 분사가 된다.

⑤ 엑셀 레버(Auxiliary Lever)

메인레버와 니들 가이드의 접촉시 손상됨을 막아주는 기능을 하는 부품이다.

⑥ 니들 가이드(Niddle Guide)
니들을 고정시켜주는 장치이다.

⑦ 스프링(Spring)
전진탄력의 힘을 실어주는 장치이다.

⑧ 스프링 가이드(Spring Guide)
니들 가이드의 자리이탈 방지와 스프링의 탄력을 지속시켜 준다.

⑨ 니들(Niddle)
물감의 분사량을 조절하기 위해 장치된 부품이다.

⑩ 처킹 너트(Chucking Nut)
니들 가이드와 니들이 서로 결합하여 움직이도록 도와준다.

⑪ 렌치(Wrench)
니들을 풀거나 조일 때 사용한다.

⑫ 핸들(Handle)
사용하고 난 후에는 핸들을 조립하여 보관한다.

⑬ 투입구(Fluid Cup)

⑭ 밸브 피스톤(Valve Piston)

⑮ 패킹 플루이드 니들(Packing Fluid Needle)

⑯ 니들 패킹 스크류(Niddle Packing Screw)

⑰ 패킹 밸브 피스톤(Packing Valve Piston)

⑱ 에어 밸브 가이드(Air Valve Guide)

⑲ 에어 밸브 바디(Air Valve Body)

⑳ 에어 밸브 (Air Valve)

(3) 시술과정

① 베이스 코트를 발라준다.
② 화이트 물감을 뿌려 준다.
③ 원하는 색상의 물감을 분사한다.
④ 원하는 무늬의 스텐실을 각도에 맞춰 분사한다.
⑤ 탑 코트를 발라주고 스톤을 붙여준다.
⑥ 주위의 잔여 물감을 에탄올이나 리무버로 제거한다.
⑦ 완성

[그림 3-41] 베이스코트

[그림 3-42] 화이트 물감

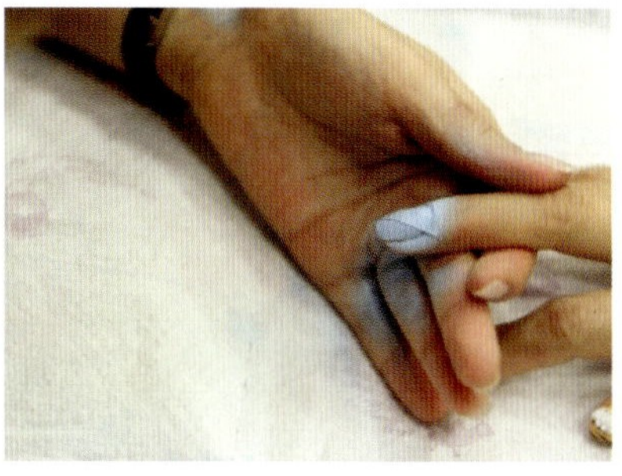

[그림 3-43] 물감 분사

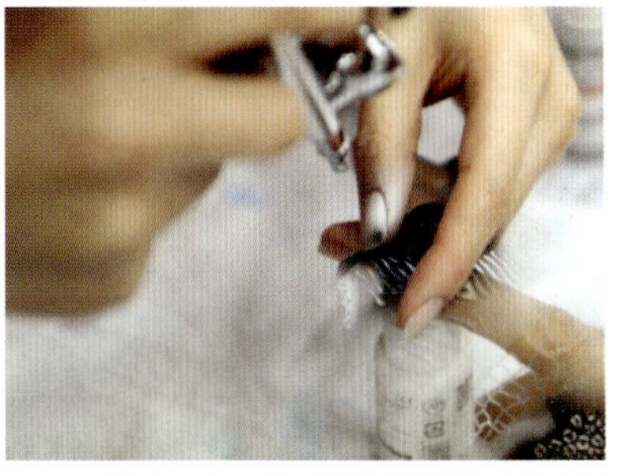

[그림 3-44] 스텐실 분사

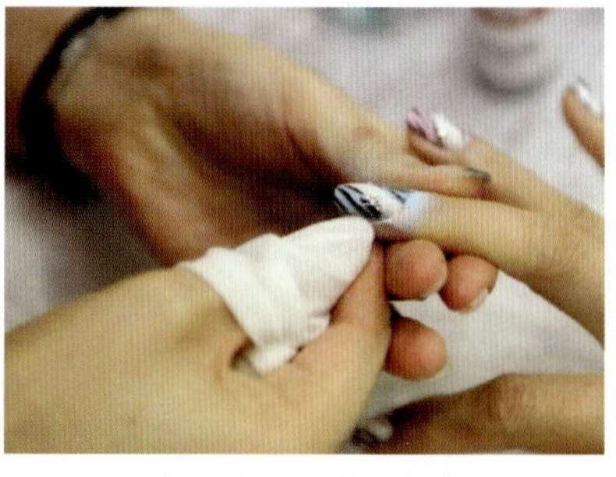

[그림 3-45] 정리

[그림 3-46] 완성

4) 3D

3D(dimension) 아트는 아크릴릭 파우더를 이용해 입체적인 디자인을 연출하는 테크닉이다. 아크릴 파우더 이외에도 기타 조형물을 활용해 창작할 수 있고 실물에 가깝게 정교하게 만들어 내는 예술성과 창작성이 중요하다.

(1) 준비물

컬러 파우더, 리퀴드, 브러쉬 클리너, 핀셋, 철사나 와이어, 호일, 글루, 아크릴 브러쉬, 글루, 아크릴물감, 물통, 평붓 4호, 세필붓 0호

(2) 시술과정

① 리퀴드에 브러쉬 클리너를 섞어 준비한다.
② 호일 위에 그린컬러의 컬러파우더와 화이트 파우더로 나뭇잎을 만든다.
③ 호일위에 핑크컬러와 화이트 파우더를 믹스해 꽃잎을 만들어 준다.
④ 그린색의 철사에 예로컬러의 컬러파우더로 꽃 수술을 만들어 준다.
⑤ 준비된 꽃잎과 나뭇잎을 철사를 중심으로 말아서 글루로 고정을 시켜 준다.
⑥ 준비된 탑 위에 구도를 잘 생각해서 만들어진 꽃을 붙여준다.
⑦ 완성

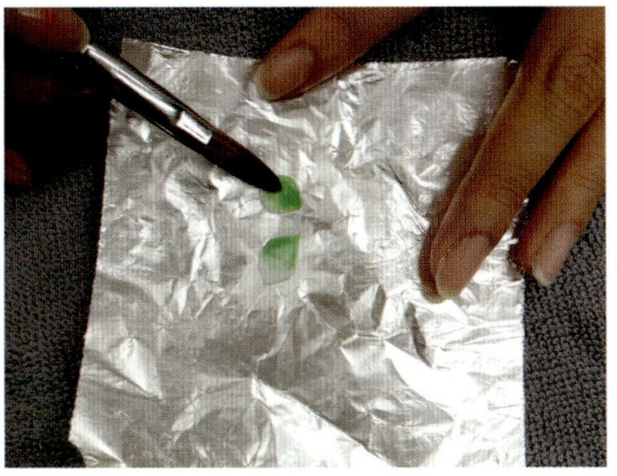

[그림 3-47] 나뭇잎 만들기

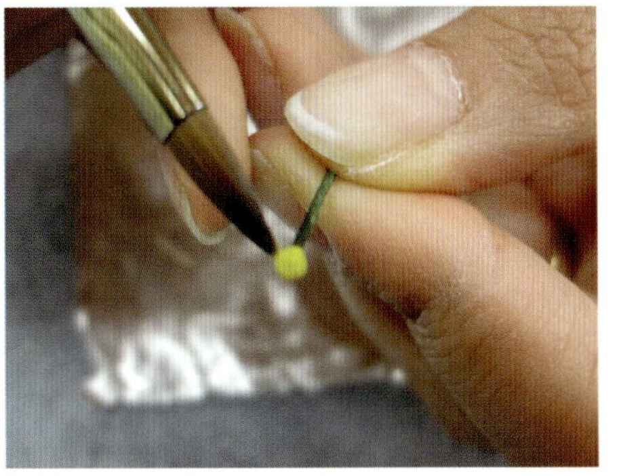

[그림 3-48] 장미모양 만들기

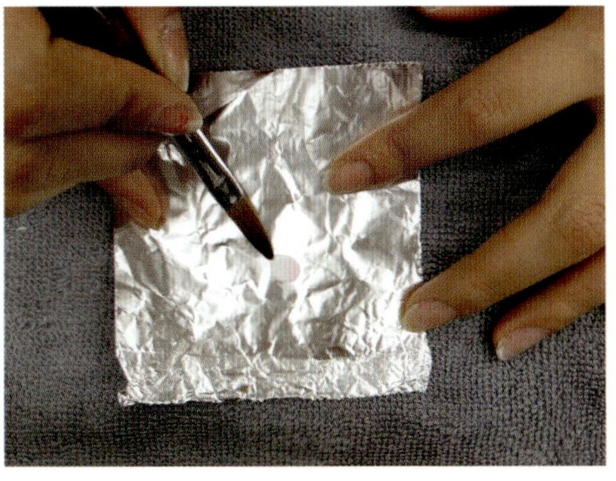

[그림 3-49] 수술 만들기

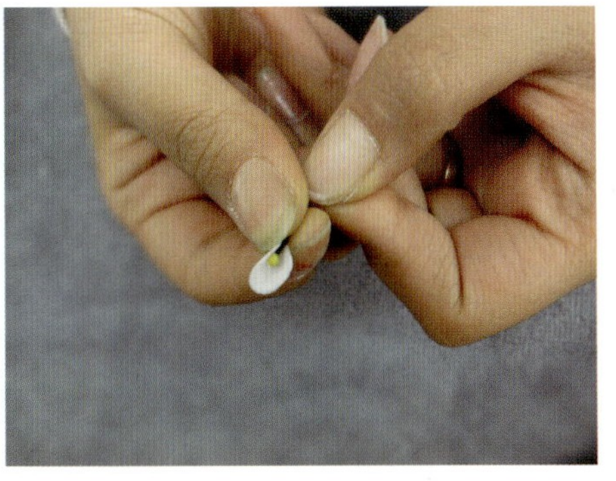

[그림 3-50] 글루로 고정하기

[그림 3-51] 꽃 붙이기

[그림 3-52] 완성

5) 디자인 스캅춰

폴리머와 모노머를 이용하여 네일 길이를 연장하여 디자인을 하고 그 위에 클리어 파우더를 덮어주는 방식으로 유리 안에 디자인이 들어 있는 듯한 느낌을 표현하는 조형 기법의 아트이다.

(1) 사전준비

컬러 파우더, 안티셉틱, 솜, 에나멜 리무버, 메탈 푸셔, 파일, 디스크 패드, 아크릴 브러쉬, 프라이머, 브러쉬 클리너, 3-way, 아크릴 리퀴드, 샌딩 파일, 더스트브러쉬, 핑크 파우더(클리어 파우더), 디펜디쉬, 종이 폼, 페이퍼타월

(2) 시술과정

① 상호 손소독 → 에나멜 지우기 → 큐티클 밀기 → 쉐입 잡기 → 에칭 → 프라이머 바르기 → 폼 끼우기
② 프리 엣지 부분에 글리터 파우더를 올려준다.
③ 꽃잎 디자인
디자인 브러쉬를 사용하여 네일 바디와 프리 엣지 부분에 꽃잎을 만들어 준다.
④ 일링시 갈려나갈 수도 있으니 유의하며 디자인을 만들며 겹겹이 살아 있는 듯한 꽃잎을 표현한다.
⑤ 디자인이 완성되면 약간 묽은 클리어 파우더로 오버레이하고 핀칭을 준다.
⑥ 파일링하기
⑦ 완성

[그림 3-53] 글리터 파우더 올리기

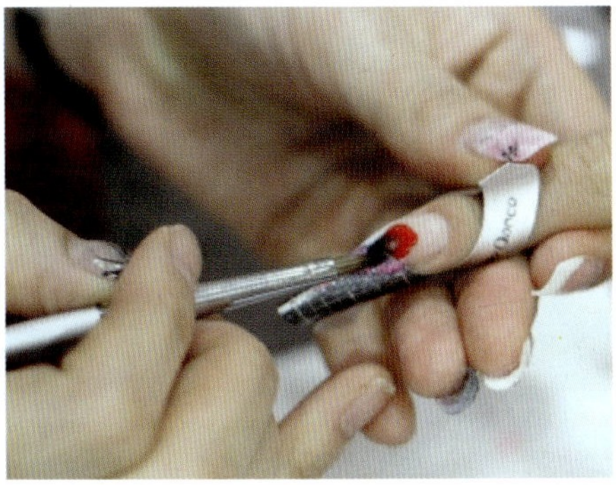

[그림 3-54] 꽃잎 디자인

[그림 3-55] 꽃잎 표현

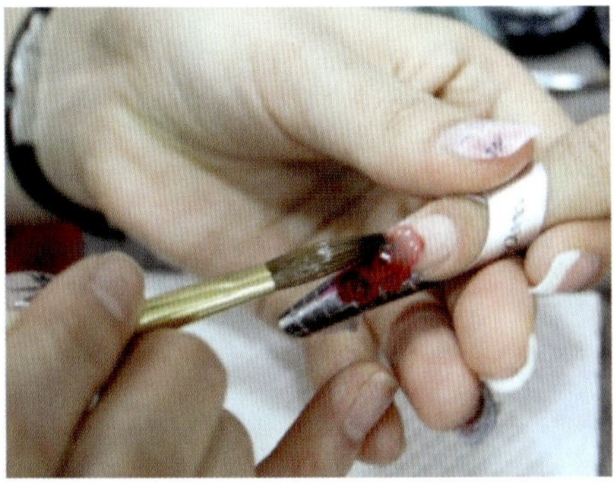

[그림 3-56] 핀칭 주기

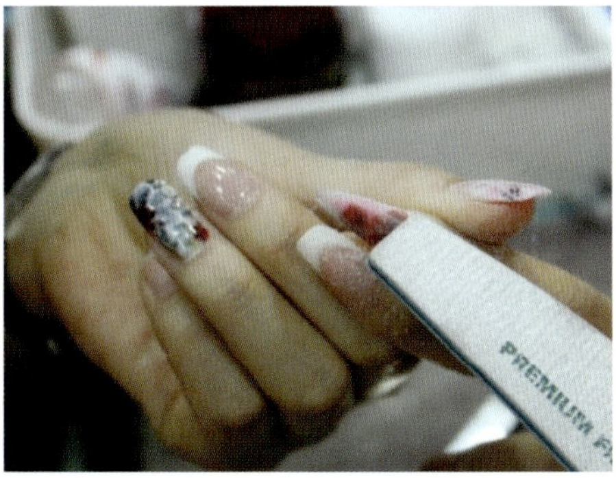

[그림 3-57] 파일링 하기

[그림 3-58] 완성

6) 엠보싱 아트

아크릴 파우더를 이용하여 반 입체적인 느낌을 표현하는 기법으로 디자인 스캅춰와 달리 파일링 작업이 필요 없으며 쉽고 간편하게 즐길 수 있는 아트이다.

(1) 사전준비

컬러 파우더, 팁, 안티셉틱, 솜, 에나멜 리무버, 메탈 푸셔, 파일, 디스크 패드, 아크릴 브러쉬, 프라이머, 브러쉬 클리너, 3-way, 아크릴 리퀴드, 샌딩 파일, 더스트브러쉬, 핑크 파우더(클리어 파우더), 디펜디쉬, 종이 폼, 타월, 페이퍼타월

(2) 시술순서

① 상호 손소독 → 에나멜 지우기 → 큐티클 밀기 → 쉐입잡기
② 자연네일의 표면을 정리한 다음 아크릴의 접착력을 높이기 위해 프라이머를 발라준다.
③ 자연네일의 모양에 맞게 폼을 재단하고 폼을 끼운다.
④ 연장될 길이만큼 클리어 파우더를 얇게 깔아주고, 그 위에 글리터가 들어간 컬러 파우더를 경계 지지 않게 그라데이션 해서 펴 준다.
⑤ 클리어 파우더로 오버레이한다.
⑥ 핀칭을 한다.
⑦ 모양을 잡고 파일링 한다.
⑧ 파일링 후 표면을 정리한다.
⑨ 꽃 모티브를 아크릴 파우더를 이용해 디자인한다.
⑩ 스톤 등을 이용해 마무리 해준다.
⑪ 완성

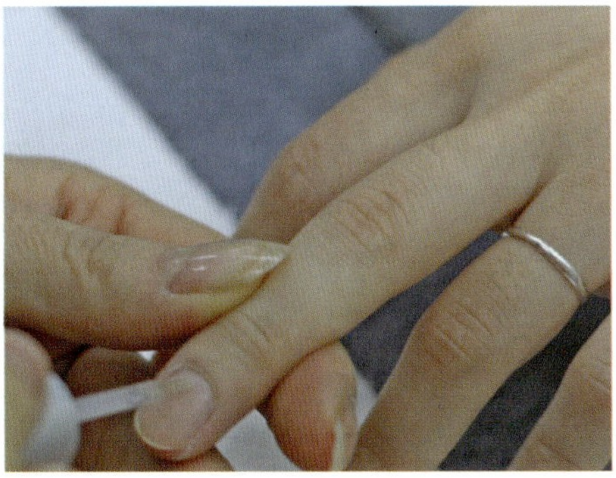

[그림 3-59] 프라이머 바르기

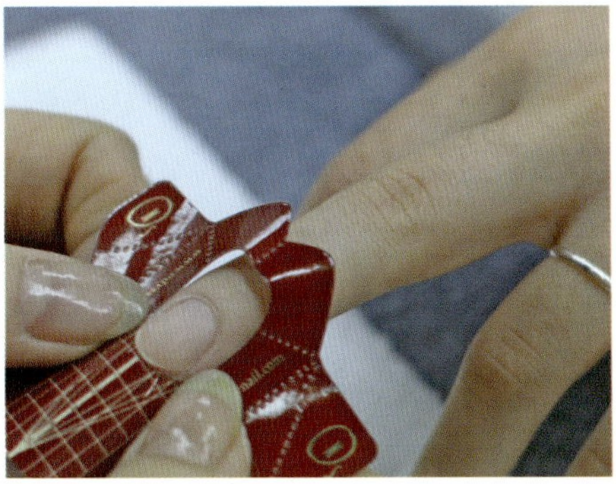

[그림 3-60] 폼 끼우기

[그림 3-61] 그라데이션

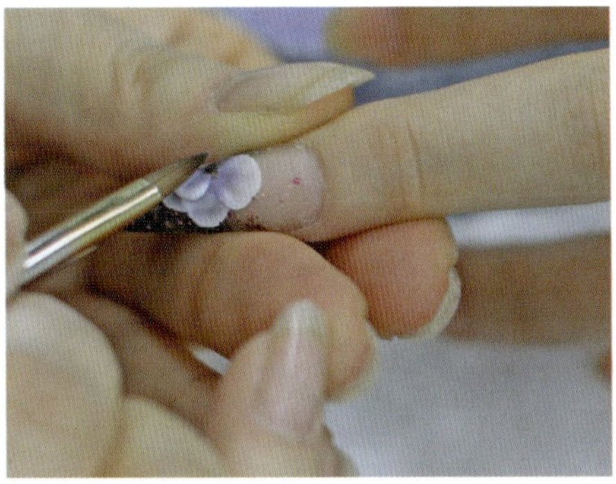

[그림 3-62] 꽃 모티브

[그림 3-63] 마무리

[그림 3-64] 완성

4. 트랜드 · 이미지에 따른 네일아트

1) 내추럴

일상의 친근한 색조로 나무, 숲, 흙 등의 자연소재로부터 얻는 색조가 기본이 되는 온화하고 소박한 이미지이다. 자연이 주는 평온한 마음과 상쾌한 기분 등의 싫증나지 않는 색조로 그 따뜻함에 쉽게 매료되며 비교적 대비가 적은 차분한 이미지가 주류를 이룬다.

2) 클래식

가을색과 겨울색을 주조색으로 원숙미와 성숙미가 돋보이는 차분하고 깊이 있는 고전적인 색상이 주류를 이루며 어둡고 짙은 탁색을 주조로 한다.

3) 모던

겨울색의 기본 바탕인 블랙, 화이트, 그레이 등 무채색을 기본색으로 이미지 배색한다. 다크톤과 스트롱 톤의 배색은 도회적이고 전문적인 느낌을 주며, 레드 컬러 계열의 강한 이미지 색과 베이지 계열의 내추럴한 색의 배색은 세련된 이미지를 연출한다. 무채색을 주조로 하는 배색은 미래지향적이며 도시적인 이미지가 강하며 블랙과 화이트를 세퍼레이션 배색 방법으로 활용하면 모던한 이미지를 만들 수 있다.

III 디자인편

4) 엘레강스

엘레강스는 세련되고 고급스러우며 기품 있고 성숙한 여성스런 분위기를 가지고 있다. 여름 색상과 가을색이 주를 이루며 그레이쉬한 느낌의 색조와 비슷한 중명도의무채색 배색은 화려함을 배제하면서도 품위 있고 흐르는 듯 한 곡선 느낌의 온화함을 보여준다.

5) 매니쉬

매니쉬는 '남자와 같은'이란 의미를 가진 용어이다. 남성적인 활동성과 건강미를 지닌 남성적 특징이 강하며, 합리적이고 자립심 강한 여성을 의미하는 이미지이다. 매니쉬는 남녀평등을 주장하기 위한 시대적 배경으로 시작되었고, 현대에 와서는 중후한 품격을 상징적으로 나타내고자 할 때 절절한 이미지이다. 검정, 짙은 회색, 갈색, 남색 등 어두운 톤에 스트라이프 등이 가미되는 스타일이다.

With legend... singer Patti Smith reading an ...ovised poem from backstage, models in androgynous pantsuits appeared on the runway. Ann Demeulemeester mostly offered masculine items including striped vests and jackets, double pants, reconstructed shirts and jackets, and double-layered cutaway jackets that contained the designer's original edginess. In addition, romantically presented shirt variations in ombré dyeing and eyelet embroideries were attractive while pearl vests and necklaces added luxurious touches. Rock-flavored vests and jackets with metallic chains, newly introduced leggings-style narrow transparent pants, signature lean & long skirt with raw-edge strongly spoke for the designer's originality.

전설의 록 가수 패티 스...
이지에서 즉흥시를 낭독...
앤드로지너스 스타일의...
모델들이 런웨이에 등장...
이번 시즌 스트라이프 ...
또 하나의 팬츠를 덧대어...
된 셔츠와 재킷, 두 겹으로 제안된 컷어웨이 재킷
등 고유의 엣지가 가미된 머스큘린 아이템을 대거

6) 에스닉

역사와 시대적 의미를 포함하기 때문에 보수적이고 전통적이면서 자연에 가까운 배색이다.

민족적이며 토속적인 양식으로 전원적인 민속 문화를 도입하여 자연의 이미지를 연상하게 한다. 주로 아시아, 아랍, 중동, 잉카, 아프리카 등의 문화를 반영하여 국가의 전통 의상을 응용한 손톱으로 현대에 와서는 다양한 패션쇼에서 손톱이 표현되고 있다.

7) 아방가르드

아방가르드 이미지는 도전적이고 실험적인 특징을 지니며 평범하지 않은 디자인을 선호한다. 아방가르드 패션은 대중적이고 일반적인 디자인을 무시하고 실험성과 독창성이 뛰어난 디자인을 선호하며 파괴적 경향을 지니고 있다. 따라서 소재, 색상, 무늬도 시대에 따라 다양하게 사용된다.

8) 로맨틱

로맨틱한 컬러는 여름색과 가을색을 기본색상으로 배색이 이루어진다. 사계절 색상의 소프트, 라이트 톤은 낭만적이고 감미로운 느낌을 주며 유사색 배색은 로맨틱의 상징적 배색방법이다.

9) 캐주얼

젊고 경쾌한 느낌의 자유로운 이미지 표현으로 원색을 주조색으로 사용하며 밝고 화사한 라이트, 비비드, 페일 톤을 사용하여 감성적으로 편안해 보인다.

10) 사넬

1910년 코코샤넬이 설립한 프랑스의 패션 브랜드이며 무채색을 주조색으로 사용하여 모던한 여성미를 나타낸다. 모드가 아니라 스타일로 모드는 시대에 따라 변하지만 스타일은 영원불멸하다는 의미를 지니고 있다. 샤넬 스타일에 표현된 조형적인 특성은 단순성, 기능성, 유희성, 관능성으로 나타난다.

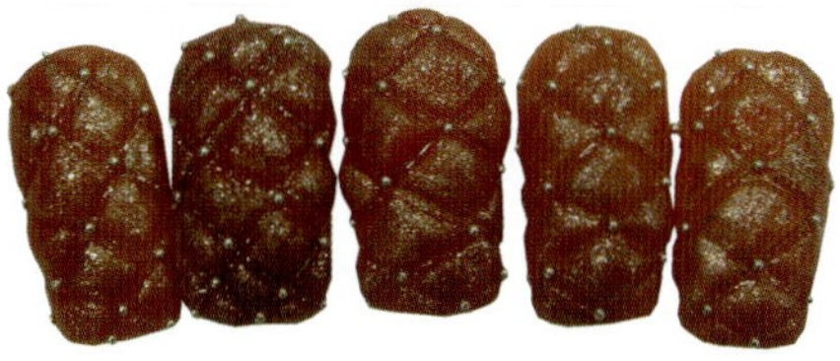

11) 동물 패턴

동물의 이미지를 형상화하여 손톱에 표현한 것으로 마치 살아 있는 듯 한 느낌을 연출할 수 있으며, 부분적으로는 동물을 프린트해서 사용하기도 한다.

12) 문양 패턴

무늬 모양으로서 상징적 의미를 전달할 수 있게 디자인한 것이다. 주로 타투의 모양을 응용하여 디자인 한 것으로 곡선의 느낌을 살려서 표현되는 독특하고 개성적인 유형들로 나타나고 있다.

5. 웨딩 네일아트

결혼할 때 웨딩 장갑을 끼는 것보다 웨딩 네일을 하고 그 손으로 부케를 잡으면 크게 눈에 띄지는 않으면서도 이미지의 포인트를 극대화 할 수 있게 된다.

웨딩 네일의 대명사인 프렌치 네일은 은은하면서도 사랑스러움을 연출 할 수 있다. 웨딩드레스를 모티브로 레이스와 리본, 플라워를 연출 해 접목한 작품들이다.

① 펄 화이트 폴리쉬를 바른 후 3D플라워와 레이스를 글루를 붙여주고, 스톤을 레이스에 붙여 준다.
② 펄 화이트와 핑크 베이스에 루비 네클리스를 모티브로 스톤아트를 해 준다.
③ 레이스로 프렌치를 꾸미고 리본을 만들어 네일에 붙여 준다.
④ 클리어팁에 블랙 컬러로 장미를 그려주고 데코레이션으로 체크무늬를 그려 준다.
⑤ 핑크 폴리쉬에 레이스를 넣고 3D와 스톤을 붙여 준다.

[그림 3-65] 웨딩네일

[그림 3-66] 웨딩네일

[그림 3-67] 웨딩네일

III 디자인편

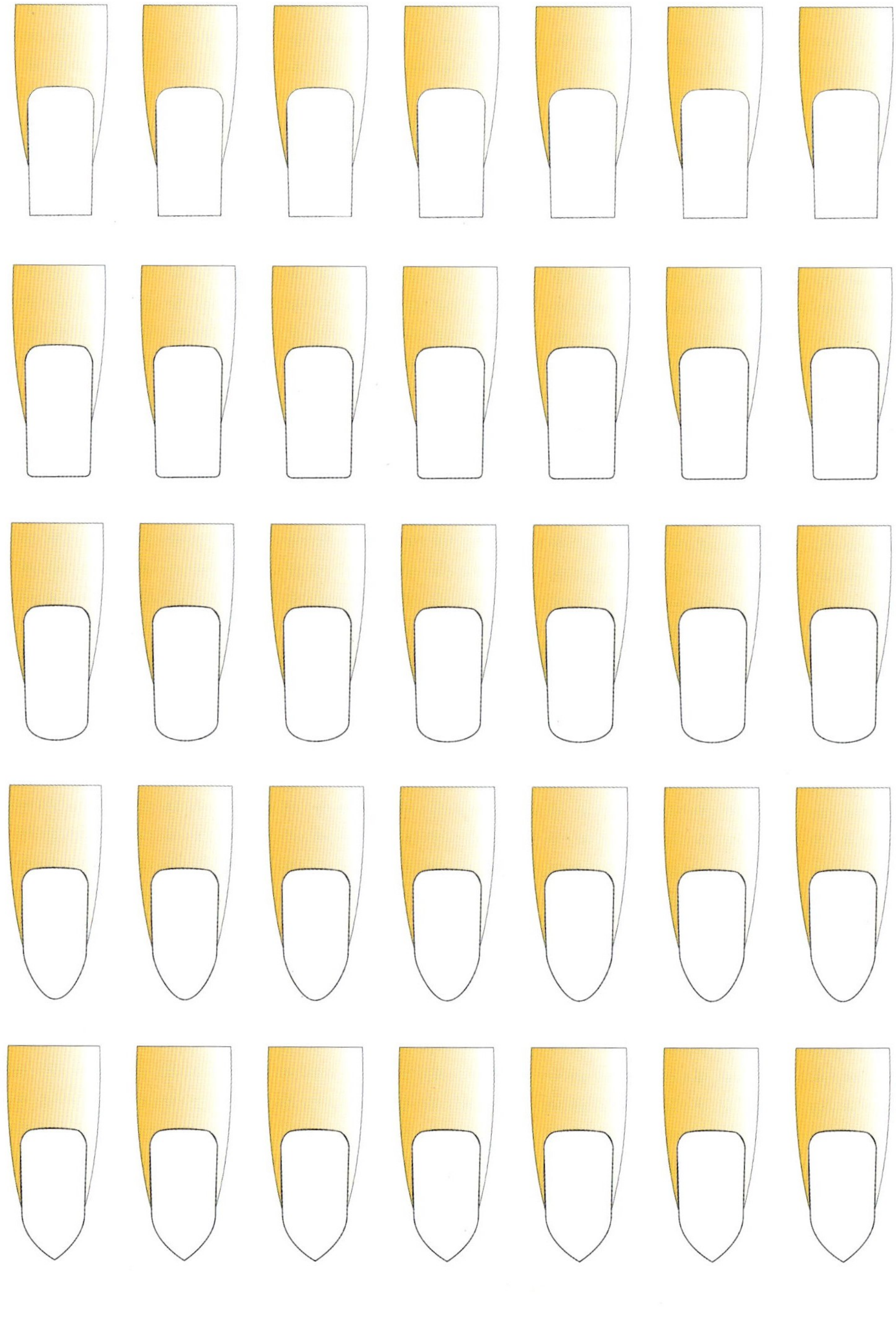

<참고문헌>

1. 김경미 외 5인. 네일아트 매뉴얼 북. 광문각, 2009.
2. 홍지은 외 5인. 네일테크닉. 훈민사, 2004.
3. 김해남 외 1인. 네일 케어 & 아트 테크닉. 훈민사, 2003.
4. 김영미 외 6인. 네일 스타일 북. 예림 출판, 2003.
5. 이숙연 외 4인. Nail cure & Design. 청구문화사, 2003.
6. 권태일 외 19인. Nailart & Technology. 지구문화사, 2009.
7. 김영미 외 8인. Nail Style Book. 도서출팜 예림, 2003.
8. 여상미. 네일케어&아트. 형설출판사, 2008.
9. 이영순외 3인. 네일관리학. 고문사, 2005.
10. 김효정외 1인. 뷰티컬러 코디네이트. 청구문화사, 2003.

<찾아보기>

<INDEX>

저자 프로필

김양은 (마산대학 뷰티케어학부 교수)
최현숙(마산대학 뷰티케어학부 교수)
나현지(이손네일아트학원 원장)

Nail Care & Art

2011년 3월 10일 초판인쇄
2011년 3월 20일 초판발행

지은이 : 김양은 · 최현숙 · 나현지
펴낸이 : 이상태
펴낸곳 : 청구문화사
주　소 : 120-831 서울특별시 서대문구 연희 1동 436-1
전　화 : 02-332-0541(代)　FAX : 02-337-9577
등　록 : 1990년 11월 2일 제9-247호

가격 20,000원

ISBN 978-89-5616-443-4 93590